基于节水的北京农业结构调整与科研对策

王爱玲 串丽敏 赵静娟 著

U0306293

中国农业科学技术出版社

图书在版编目（CIP）数据

基于节水的北京农业结构调整与科研对策／王爱玲，串丽敏，赵静娟著.—北京：中国农业科学技术出版社，2018.11

ISBN 978-7-5116-3927-1

Ⅰ.①基… Ⅱ.①王…②串…③赵… Ⅲ.①农田灌溉-节约用水-研究-北京②农业经济结构-经济结构调整-研究-北京 Ⅳ.①S275②F327.1

中国版本图书馆 CIP 数据核字（2018）第 258468 号

责任编辑	徐　毅
责任校对	李向荣

出 版 者	中国农业科学技术出版社
	北京市中关村南大街 12 号　邮编：100081
电　　话	（010）82106636（编辑室）　　（010）82109702（发行部）
	（010）82109709（读者服务部）
传　　真	（010）82106631
网　　址	http://www.castp.cn
经 销 者	各地新华书店
印 刷 者	北京建宏印刷有限公司
开　　本	710mm×1 000mm　1/16
印　　张	15.25
字　　数	260 千字
版　　次	2018 年 11 月第 1 版　2018 年 11 月第 1 次印刷
定　　价	60.00 元

《基于节水的北京农业结构调整与科研对策》
参著人员

王爱玲　串丽敏　赵静娟　郑怀国　秦晓婧

颜志辉　张　辉　张晓静　孙素芬　龚　晶

李凌云　孙留萍　淮贺举

序　言

　　人多水少、分布不均是我国水资源的基本国情。人口增长和快速城镇化，使得水资源供需矛盾日益突出。农业是我国的用水大户，为保持农业生产稳定发展，确保国家粮食安全和重要农产品有效供给，必须做好农业节水这篇大文章。2015 年中央一号文件提出，农业必须尽快从主要追求产量和依赖资源消耗的粗放经营转到数量和质量效益并重、注重提高竞争力、注重农业科技创新、注重可持续发展上来。2017 年中央一号文件《中共中央、国务院关于深入推进农业供给侧结构性改革，加快培育农业农村发展新动能的若干意见》中提到："大规模实施农业节水工程。把农业节水作为方向性、战略性大事来抓。"习近平总书记在中共中央十九大的报告中指出，建设生态文明是中华民族永续发展的千年大计，必须树立和践行绿水青山就是金山银山的理念，坚持节约资源和保护环境的基本国策，像对待生命一样对待生态环境。人口增长、资源短缺、生态环境恶化及社会经济迅速发展的新形势给农业生产用水带来新的要求和挑战。农业绿色高效节水是新时代保障国内食物安全、农产品有效供给的重要措施，对于我国农业的可持续发展具有重要意义。

　　人多水少也是北京市的基本市情、水情。水资源是北京市农业发展的最大限制因子。为了在有限的水资源条件下持续发展都市现代农业，2014 年 9 月，中共北京市委、市政府出台了《关于调结构转方式　发展高效节水农业的意见》（京发〔2014〕16 号），提出要加快推进农业节水，调整农业结构，转变农业发展方式，着力构建与首都功能定位相一致、与二、三产业发展相融合、与京津冀协同发展相衔接的农业产业结构。为贯彻落实该《意见》的精神和要求，2017 年 7 月，北京市人民政府办公厅印发《北京市推进"两田一园"高效节水工作方案》，提出要牢固树立创新、协调、绿色、开放、共享的发展理念，落实最严格的水资源管理制度，把农业节水作为方向性、战略性大事来抓，按照"细定地、严管井、上设施、增农艺、统收费、节有奖"的建管模式，推动"两田一园"实施区域规模化高效节水灌溉，进一步降低农业用水总量，提高农业用水效率。

《基于节水的北京农业结构调整与科研对策》一书，在充分认识水资源对北京农业发展的刚性约束以及产业结构调整和发展方式转变工作的复杂性、艰巨性和紧迫性的前提下，结合北京市节水农业发展成效，通过理论与实证相结合的方法，在分析北京市农业用水结构驱动力的基础上，提出了基于节水的北京市农业结构调整方案和科技研发重点；结合国外农业节水的经验，提出了北京市发展节水农业的相关对策与建议，为北京市农业结构调整和高效节水农业发展提供参考和依据。

本书主要包括以下 6 个方面的内容：第一，分析了北京市水资源状况和农业用水情况。当前，北京市水资源量短缺，形势依然严峻。地下水供应是主力，再生水与南水北调供水比例增加。北京市地下水埋深逐渐加深，地下水漏斗面积逐年扩大。工业用水、农业用水占比逐年下降，生活用水、环境用水占比上升。农业用水由第一用水大户降至第三位，农业用水效益呈上升趋势。针对当前郊区现代农业发展存在的资源、环境、人口等瓶颈问题，按照"调粮、保菜、做精畜牧水产业"的目标，加快调整农业结构，转变农业发展方式，加强农业供给侧结构性改革，推进农业节水，将是未来北京都市型现代农业转型升级和农村一、二、三产业融合的重要方向。第二，从定性和定量 2 个方面分析了北京市农业用水的影响因素和驱动力。整体来看，所有影响北京市农业用水变化的因素可以归为以面积因素、存栏量为表征的种植业、养殖业、水产业和林业等生产生活所需、灌溉条件的完善、节水技术的进步以及降雨和光热条件等因子。农业用水驱动因子多样，不同时期贡献率不同。2000—2005 年，影响北京市农业用水变化的因素主要是种植业、水产业和灌溉条件；林业和养殖业；光热条件；耗水作物面积和降水等四大类主要因子。2006—2010 年种植业和节水技术是影响北京市农业用水的第一大主导因子，养殖业和自然气候对农业用水的影响更加突出。2011—2017 年，畜牧养殖业用水贡献率有所提升。节水灌溉技术对农业用水的影响也有所体现。第三，梳理了北京市农业节水的发展历程、节水模式、节水思路以及农业节水科研现状和科技研发趋势。北京市节水农业发展经历了开源—节流—开源与节流并举3个阶段。近年来，北京市农业节水工作重点任务主要围绕作物结构与布局调整、关键节水技术攻关、高效节水技术示范、节水技术与装备推广、管理节水试点以及推进农业水价改革开展，形成了水肥一体化、痕量灌溉、覆膜灌溉、无土栽培、集雨补灌、雨养旱作等一批成功的农业节水模式。但同时在农业用水效率、节水灌溉设施配套、节水科技研发、节水管理自动化程度、节水意识等方面存在着比较突出的问题。未来北京市节水农业的科技研发重点将围绕节水品种选育，农业节水新技术研发，节水模式研究，节水配套研究以及节水管理研究来开展。第四，探讨了基于节水的北京市农业结构调整思路和方案。在研究农业结构调整的理论依据基础上，明确了农业结构调整的驱动力来自于目标、市场、资源与环境、技术进步与制度变迁等，提出了北京市农业结构调整的3种方式，即市场调节、人工干预、人工干预+市场调节。在明确农业结构对农业用水量影响关系的基础上，提出了基于节水的农业结构调整方案。第五，总结分析了国外农业节水经验。国外农业节水的发展随着水管理理念的变化而变化，经历了从开源到节流，再到开源与节流并举的阶段。现阶段国外农业节水呈现出2个显著特征，一是高新技术在农业节水上的应用越来越广泛；二是节水管理体系越来越完善。不同的国家根据不同的国情、水情，在不同的水管理理念指导下，探索了不同的水资源管理模式。节水立法、加大节水设施建设投入、明确水权、建立水权制度、开展水费征收、进行节水补偿等，是各国进行水资源管理的普遍做法。我国农业节水不论从技术上、设备上，还是从管理体制和制度上，与国外还存在很大差距。这说明我国农业节水还亟待大力发展，新的技术和节水生物品种研发及推广普及将是以后农业节水的重点。第六，基于上述内容，从基于节水和基于驱动力分析两方面，提出了农业用水结构调整的对策建议，并指明了未来北京市农业节水科技研发的对策与建议。基于节水的北京市农业结构调整应从节水宣传、开源节水并举、多管齐下、制度法规完善等方面推进。农业用水结构调整可以从基于节水、基于供给侧改革、基于水资源承载力以及基于科技创新成果转化、综合节水技术角度采取相应措施。未来北京市农业节水科技研发应强化节水关键技术和产品研发力度，加大联合创新与转化力度，加强节水技术集成与应用示范，提升节水设备质量和推广力度。

农业节水是一项复杂的系统工程，涉及水利、育种、栽培、管理等多个学科。既包括水资源的开发与节流，也包括水资源的高效利用；既有工程节水、技术节水、农艺节水，也有管理节水、结构节水等，不一而足。这方面的研究和著书立说相对较多。本书只是从农业节水的驱动力、基于节水的农业结构调整、农业节水研发等角度对北京市农业的节水进行了研究，并系统梳理了国外农业节水的措施与经验，以供从事相关研究的人员参考借鉴。

由于水平所限，本书中的遗漏或不妥之处在所难免，欢迎批评指正。

作者

2018 年 10 月

目　　录

图目录

表目录

第一章　北京市水资源与农业用水情况

北京市地处水资源匮乏的海河流域，为北温带半湿润大陆性季风气候。2000年以来的18年间，北京市平均降水量为510mm，人均水资源量为139m³，约为全国平均值的6%。一方面，随着人口的不断增加和快速城市化的推进，生产与生活的需水量都大增；另一方面，近年来气候却呈干暖化趋势，水资源的总量呈下降趋势，用水赤字逐年增加，水资源的约束逐年趋紧。近年来，北京市落实最严格的水资源管理制度，按照"生活用水控制增长、生产用新水负增长、生态用水适度增长"的原则，划定用水红线。南水北调中线通水后，北京市生活刚性需水得到基本满足，有效缓解了水资源紧张状况，地下水全面超采的趋势有所缓解，但人均水资源量仍远低于国际公认的年人均1 000m³的极度缺水标准，生态环境用水需求仍存在较大缺口。水资源仍然是北京市农业发展的最大限制因子。

一、北京市供水与用水情况

（一）供水情况

1. 水资源总量变化

2000—2017年，北京市地表水资源量除了2008年为12.8亿m³、2012年为18.0亿m³、2016年为14.0亿m³、2017年为12.0亿m³，超过10亿m³以外，其他年份均低于10亿m³，在5.3亿~9.4亿m³波动。

2000—2017年，北京市地下水资源量整体远高于地表水资源量，除2008年、2012年、2016年3个年份超过了20亿m³，分别达到21.4亿m³、21.6亿m³、

21.1 亿 m³ 以外，其他年份地下水资源量均不足 20 亿 m³，在 13.8 亿～17.7 亿 m³。

北京市水资源总量变化与地表水和地下水资源量变化趋势一致，2000—2017 年北京市水资源总量维持在 16.1 亿～39.5 亿 m³，平均为 24.6 亿 m³。除 2008 年、2012 年、2016 年 3 个年份超过了 30 亿 m³，分别达到 34.2 亿 m³、39.5 亿 m³、35.1 亿 m³ 以外，其他年份水资源总量均不足 30 亿 m³，在 16.1 亿～29.8 亿 m³（图 1-1）。

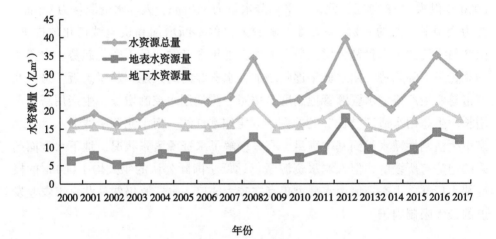

图 1-1　2000—2017 年北京市水资源量变化

2. 水资源供给变化

2003 年以前，北京市的供水源主要由地表水和地下水供给，其中，地表水供给量约占 1/3，地下水供给量约占 2/3。从 2003 年起，北京市把再生水纳入全市年度水资源配置计划中进行统一调配，之后由于再生水的利用和使用量的增加，一定程度上缓解了地表水和地下水的负担，地表水和地下水的供给量逐步减少。2003—2007 年地表水供给占总供给量比例在 16.3%～23.3%，地下水供给比例在 69.5%～77.6%，再生水供给占总供水量的比例为 5.7%～14.2%，2014 年北京市再生水的供应量达到 8.6 亿 m³。再生水的利用对于缓解水资源短缺起到了重要作用，成为北京市不可或缺的水源。

　　自 2008 年南水北调中线工程京石段通水，至 2014 年 12 月全线通水后，更是进一步减少了北京市对地表水和地下水的使用。2008—2017 年，地表水供给占水资源总供给量的比重由 22.5% 下降至 7.5%，地下水供给占水资源总供给量的比重由 65.2% 下降至 42.1%，再生水供给占水资源总供给量的比重由 17.1% 上升至 26.6%，南水北调水供给占水资源总供给量的比重由 0.2% 上升至 22.3%。2008—2017 年，地表水、地下水、再生水和南水北调用水比例平均为 13.2%、54.4%、21.8% 和 10.7%，再生水和南水北调用水比例逐渐上升，2017 年再生水和南水北调水的比例已经达到 48.9%，地下水供水比例呈逐年下降趋势（图 1-2、图 1-3）。

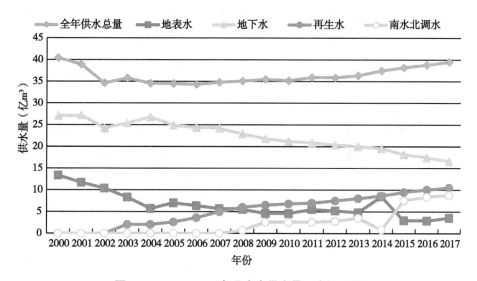

图 1-2　2000—2017 年北京市供水量及水源配置

3. 地下水水位变化

　　平原地区地下水埋深是指平原地区地下水水面至地面的距离。地下水埋深一定程度上表征着地下水资源量的变化，代表着区域气候的干旱程度。地下水位的变化，从另一个方面反映了北京市水资源利用的不平衡态势。2000 年北

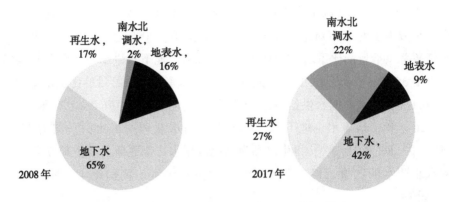

图 1-3　2008 年和 2017 年北京市供水水源配置对比

京市平原区地下水埋深为 15.36m，之后地下水埋深持续直线增加，到 2017 年北京市平原区地下水埋深为 24.97m，与 2000 年相比，近 18 年间下降了9.61m。与 1980 年年末比较，地下水位下降 17.73m，储量相应减少94.8 亿 m^3；与 1960 年年初比较，地下水位下降 21.78m，储量相应减少111.5 亿 m^3（表 1-1）。

2014 年地下水埋深大于 10m 的面积为 5 470km^2，是 2000 年 2 292.5km^2 的2.4 倍；地下水降落漏斗（最高闭合等水位线）面积为 1 058km^2，是 2000 年的796km^2 的 1.3 倍。近年来，随着南水进京，相应减少了地下水超采，地下水埋深有所回升。2017 年年末地下水埋深大于 10m 的面积为 5 120km^2，较 2014 年减少350km^2；地下水降落漏斗面积为 660km^2，比 2000 年和 2014 年分别减少 136km^2、398km^2。但地下水埋深及降落漏斗仍然不容乐观。地下水降落漏斗主要分布在朝阳区的黄港、长店至顺义区的米各庄一带。以上数据表明，北京市地下水资源量面临严峻形势，亟须进行科学调控与管理，合理有效利用水资源（图 1-4、图 1-5）。

表1-1　北京市水资源情况（2000—2017年）

年份	水资源量（亿m³）			人均水资源（m³）	用水量（亿m³）					用水结构（%）			
	总量	地表水	地下水		总量	农业	工业	生活	环境	农业	工业	生活	环境
2000	16.9	6.3	15.2	123.6	40.4	19.6	9.9	10.6	0.4	48.5	24.4	26.3	1.0
2001	19.2	7.8	15.7	139.7	38.9	17.4	9.2	12.0	0.3	44.7	23.7	30.8	0.8
2002	16.1	5.3	14.7	114.7	34.6	15.5	7.5	10.8	0.8	44.8	21.7	31.2	2.3
2003	18.4	6.1	14.8	127.8	35.8	13.8	8.4	13.0	0.6	38.5	23.5	36.3	1.7
2004	21.4	8.2	16.5	145.1	34.6	13.5	7.7	12.8	0.6	39.0	22.3	37.0	1.7
2005	23.2	7.6	15.6	153.1	34.5	13.2	6.8	13.4	1.1	38.3	19.7	38.8	3.2
2006	22.1	6.7	15.4	140.6	34.3	12.8	6.2	13.7	1.6	37.3	18.1	39.9	4.7
2007	23.8	7.6	16.2	145.3	34.8	12.4	5.8	13.9	2.7	35.6	16.7	39.9	7.8
2008	34.2	12.8	21.4	198.5	35.1	12.0	5.2	14.7	3.2	34.2	14.8	41.9	9.1
2009	21.8	6.8	15.1	120.3	35.5	12.0	5.2	14.7	3.6	33.8	14.7	41.4	10.2
2010	23.1	7.2	15.9	120.8	35.2	11.4	5.1	14.8	4.0	32.4	14.5	42.0	11.3
2011	26.8	9.2	17.6	134.7	36.0	10.9	5.0	15.6	4.5	30.3	13.9	43.3	12.4
2012	39.5	18.0	21.6	193.3	35.9	9.3	4.9	16.0	5.7	25.9	13.6	44.6	15.8
2013	24.8	9.4	15.4	118.6	36.4	9.1	5.1	16.2	5.9	25.0	14.1	44.6	16.3
2014	20.3	6.5	13.8	94.9	37.5	8.2	5.1	17.0	7.2	21.9	13.6	45.3	19.2
2015	26.8	9.3	17.4	123.8	38.2	6.5	3.9	17.5	10.4	16.9	10.1	45.7	27.3
2016	35.1	14.0	21.1	161.0	38.8	6.1	3.8	17.8	11.1	15.7	9.8	45.9	28.6
2017	29.8	12.0	17.7	137.1	39.5	5.1	3.5	18.3	12.6	12.9	8.9	46.3	31.9

数据来源：历年《北京市统计年鉴》《北京市水资源公报》《北京水务统计年鉴》。

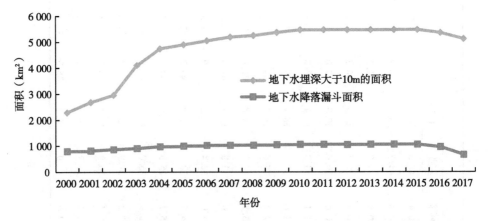

图1-4　2000—2017年北京市平原区地下水埋深大于10m以及地下水降落漏斗面积

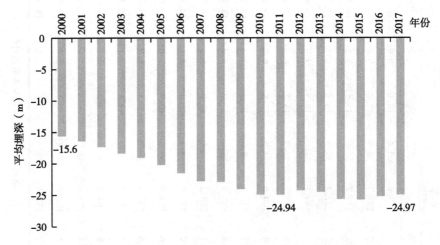

图1-5　2000—2017年北京市平原区年末地下水平均埋深

4. 降水年际变化

降水是生成地表水、地下水和土壤水的主要来源，区域降水量的多少决定了当年的水资源丰缺状况。对于农业来说，还影响到灌溉用水的调度与规划。根据北京市2000—2017年的气象资料分析，该地区降水量年际间变化较大。近18年，最大年降水量在2012年，为733.2mm；最小降水量在2006年，为318.0mm。从年际间降水量变化趋势可以看出（图1-6），近18年的降水量呈现螺旋式增加趋势，但与 2000 年以前相比，降水量整体偏低，近 18 年平均降水量为 510mm，比多年平均降水量 585mm① 低 12.8%，并且在 18 个年份中有 12 个年份，即 2/3 的年份降水量在多年平均降水量以下。

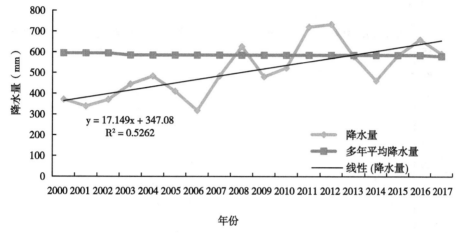

图 1-6　2000—2017 年北京市降水量变化

（二）用水情况

用水量指分配给用户的包括输水损失在内的毛用水量。从表 1-1 可以看出，2000 年北京全市总用水量为近 18 年内最高，40.37 亿 m³，2017 年则是继 2000 年以后又一个用水量新高，达到 39.5 亿 m³。其余十几年全市总用水量维持在 34.3~38.9 亿 m³，波动范围不大。

2000 年北京市总用水量 40.37 亿 m³，其中，工业用水 9.86 亿 m³，占总用水量的 24%，生活用水 10.62 亿 m³，占总用水量的 26%，农业用水 19.56 亿 m³，占总用水量的 49%，环境用水 0.43 亿 m³，占总用水量的 1%。2017 年全市总用水量为 39.5 亿 m³，其中，生活用水 18.3 亿 m³，占总用水量的 46%，比 2000 年减少了 20 个百分点；环境用水 12.6 亿 m³，占 32%，比 2000 年增加了 31 个百分点；工业用水 3.5 亿 m³，占 9%，比 2000 年减少了 15 个百分点；农业用水 5.1

①　多年平均降水量为 1956—2000 年数据的平均值

亿 m³，占 13%，比 2000 年减少了 36 个百分点。可以看出，北京市用水结构在近 20 年间发生了巨大调整，工业用水和农业分配量逐年下降，生活用水和环境用水逐年上升；农业用水量在 2005 年退居到第二位，在 2015 年更是退居到了第三位（图 1-7）。

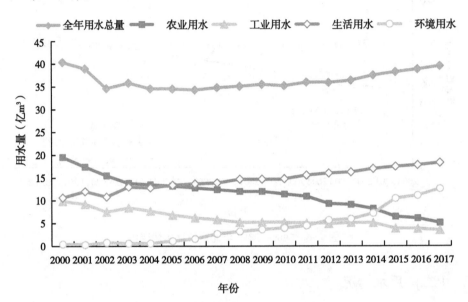

图 1-7　2000—2017 年北京市用水量及分配情况

　　从整体分配比重来看，近 18 年间，北京市生活用水占比从 2000 年的 26.3%上升到 2017 年的 46.3%，环境用水从 1.0%上升到 31.9%，工业用水占比从 2000 年的 24.4%下降到 2017 年的 8.86%。2005 年以前，农业用水一直是北京市用水的绝对主体，高于生活用水、工业用水和环境用水。2005 年以后，生活用水成为用水主体，农业用水比重一直呈现缩减趋势。结果显示，农业用水占比从 2000 年的 48.45%下降到 2017 年的 12.91%，下降幅度较大，说明了在总用水量维持平稳的情况下，农业用水无论是绝对数量还是比重都在下降（图 1-8）。

　　近 18 年北京市总用水量中，以生活用水和农业用水为主导，分别占总用水量的 40%和 32%，其次为工业用水，占总用水量的 16%，环境用水占比较小，为总用水量的 12%（图 1-9）。

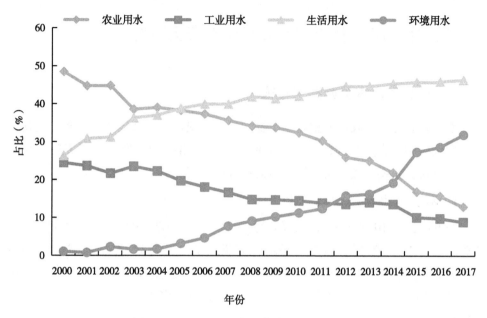

图 1-8　2000—2017 年北京市用水占比变化

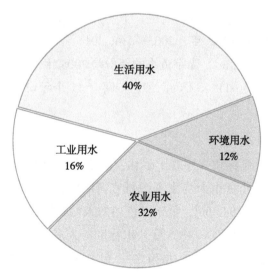

图 1-9　北京市用水分配比例（2000—2017 年均值）

二、北京市水资源的约束特征与安全评价

（一）北京市水资源约束特征

水资源既是北京农业的重要生产要素，也是现阶段北京经济与社会（尤其是农业）发展中约束力最强的因子。水资源对北京市生产发展的约束表现为缺口大、压力强、形势严峻，而且这一约束有持续趋紧之势。

1. 水资源供需总量缺口大

一方面，近 10 多年来水资源总量呈下降趋势。2001—2017 年北京市平均水资源总量为 25.1 亿 m³，较多年平均水资源总量① （37.39 亿 m³）减少近 1/3；另一方面，随着北京市人口不断增长，全市年用水总量却逐年攀升，2017 年更是达到了 39.5 亿 m³，远超出了北京市水资源总量。多年来一直以超采地下水和牺牲水环境为代价维持着供需平衡（图 1-10、1-11）。

从图 1-11 可以看出，2001—2017 年，除 2012 年水资源总量大于用水总量外，其余年份均出现了用水赤字，其中，2001 年用水赤字最大，为 -19.73 亿 m³，其次是 2002 年、2003 年和 2014 年，分别是 -18.52 亿 m³、-17.40 亿 m³ 和 -17.25 亿 m³；赤字最小的年份是 2008 年，为 -0.9 亿 m³。2001—2017 年平均用水赤字为 -11.13 亿 m³，17 年间有 11 个年份的用水赤字超过了平均用水赤字。

2. 人口对水资源的压力上升

随着人口的不断增长和气候的干暖化，北京市人口对水资源的压力不断上升。2001—2017 年，北京市人均水资源量在 94.9~198.5m³，平均为 139.4m³，其中，2014 年更是低至 94.9m³，低于以色列的人均水资源量（146m³），远低于国际人均水资源占有量 1 000m³ 的重度缺水标准。人多水少是北京市的基本市情水情，北京市是我国最为缺水的大城市之一（图 1-12）。

---

① 多年平均水资源总量为 1956—2000 年数据的平均值

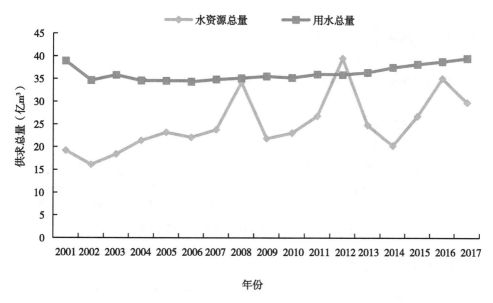

图 1-10 北京市 2001—2017 年水资源供求总量变化

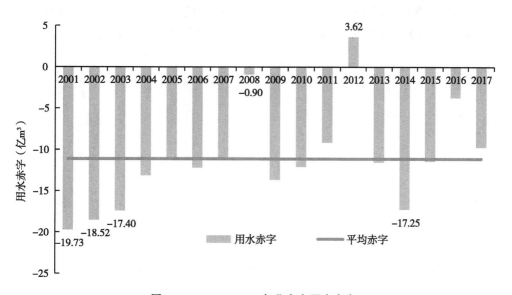

图 1-11 2001—2017 年北京市用水赤字

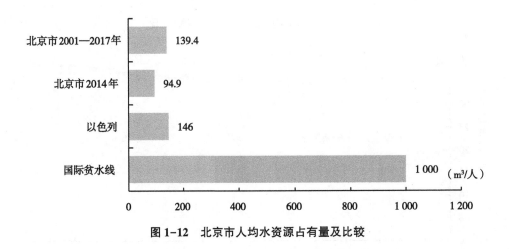

图 1-12　北京市人均水资源占有量及比较

3. 地下水超采形势严峻

因长年超采，地下水位逐年下降，超采区面积不断扩大。2017 年全市平原区地下水平均埋深达到了 24.97m，与 1998 年年末、1980 年年末和 1960 年年初相比，地下水位下降 13.09m、17.73m、21.78m，地下水储量相应减少 67 亿 m^3、90.8 亿 m^3 和 111.5 亿 m^3。2017 年年末地下水降落漏斗面积 660 km^2（图 1-13）。

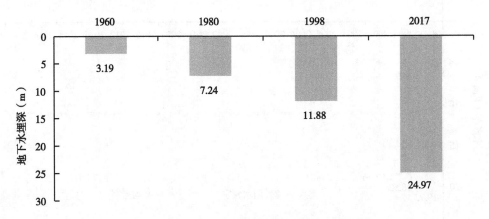

图 1-13　北京市近 60 年平原区地下水埋深变化

综上所述，日益严重的水资源短缺已成为制约北京市经济社会健康持续发展的关键因素。

（二）水资源生态安全评价

水资源丰缺与区域农业安全密切相关。水资源生态安全是指在一定区域内水资源系统能够满足区域内人类生存、经济与社会发展，维系良好生态与环境所需的量与质，即满足生产用水、生活用水和生态用水安全。农业安全是指农业产出能基本满足日益增长的社会需求，农业发展处于可持续状态。本研究拟对北京市水资源生态安全和农业安全进行双重定量评价，以期明晰近 10 年来北京市水资源与农业安全状况的变化态势。

1. 评价方法与数据来源

生态安全的评价方法主要有综合评价法、PSR 模型法、生态足迹模型等；农业安全评价的主要方法有层次分析法，数据包络分析模型、因子分析法、模糊综合评价法，熵权法等。其中，PSR 模型法，即压力（Pressure）—状态（State）—响应（Response）模型，是国际上普遍运用的评估资源利用和可持续发展的方法之一。压力指标用以表征造成发展不可持续的人类活动和消费模式或经济系统，状态指标用以表征可持续发展过程中的系统状态，响应指标用以表征人类为促进可持续发展所采取的对策。这一框架模型主要特色是能够联结政策与效果的关联性，具有非常清晰的因果关系，即人类活动对环境施加了一定的压力，环境状态因此发生了一定的变化，而人类社会应当对环境的变化作出响应。

数据来源于北京市统计年鉴（2007—2018 年），北京市水资源公报（2006—2017 年），北京水务统计年鉴（2016—2017 年）。

2. 评价指标的选取

借鉴他人相关研究指标，结合北京市的现实情况和指标的可获得性，选取若干反映生态安全和农业安全的指标，将选取的指标依其性质分别归入压力、状态和响应分类中（表 1-2）。北京市农业安全的压力主要来自于日益增长的人口和耕地递减，相应的状态指标为人均粮、菜、肉、蛋、奶和果品的产量，而响应指标则有农林水财政支出和有效灌溉面积比重；水资源生态安全的压力来自于日益增长的用水总量、地下水超采量和化肥施用强度，相应的状态指标则为供水总量、农业用水量、河道和地下水污染比重，而响应指标则有生态建设投资、环境用水量、污水处理率和再生水利用比重。

表 1-2 安全指标 PSR 结构分类

	压力	状态	响应
农业安全	人口增长 耕地递减	人均粮食产量 人均蔬菜产量 人均果品产量 人均牛奶产量 人均肉类产量 人均禽蛋产量	农林水财政支出 有效灌溉面积比重
生态安全	用水总量 化肥施用强度 地下水超采量	水资源总量 农业用水量 Ⅳ类及以下水质河道比重 Ⅳ类及以下水质地下水比重	生态建设投资 环境用水量 污水处理率 再生水利用比重

资料来源：根据相关研究整理

3. 数据处理

将 PSR 指标体系各指标值标准化，转换为指数，将生态安全和农业安全的压力、状态和响应层面内部的指数进行加总，分析压力、状态和响应指数的趋势与耦合度。为简化分析，采取等权重的方式进行加总。

利用极差标准化方法对 PSR 指标体系各指标值进行统一量纲。

对于正向指标：

$$y_{ij} = \frac{x_{ij} - \min x_j}{\max x_j - \min x_j}$$

对于逆向指标：

$$y_{ij} = \frac{\max x_j - x_{ij}}{\max x_j - \min x_j}$$

式中，x_{ij}、y_{ij}分表示第 i 年第 j 个指标的原值和标准化后的数值，$\max x_j$和 $\min x_j$，分别表示第 j 指标的最大值和最小值。

4. 安全指数与水平划分

采用综合评价法将压力、状态和响应层面内部的指数进行加总，得到安全指数（Security Index，SI），其值在 0~1，越接近 1，表明安全状况越好。

$$SI = \sum y_{ij} w_i$$

其中，w_i为第i个指标的权重。为简化计算，权重取等权重。参考蒋卫国（2005）、南颖（2013）等人的研究成果将安全水平分为5个等级，即 SI = 0.0~0.2 为差，0.2~0.4 为较差，0.4~0.6 为一般，0.6~0.8 为良好，0.8~1.0 为优秀。

5. 结果与分析

（1）水资源生态安全状况

由图1-14可知，2007—2017年北京市农业安全指数呈下降趋势，从2007年的0.97下降到2015年的0.35；至2016年降至0.2以下，属差等水平；2017年更是降到了0。

2007—2015年水资源生态安全指数在0.28~0.56，属较差和一般水平，但总体上呈波动上升趋势，2016年突破0.7（达到0.74），2017年达到0.76。反映出在人口压力增长的情况下，北京市农业安全在下降，政府对生态的响应能力在提高。

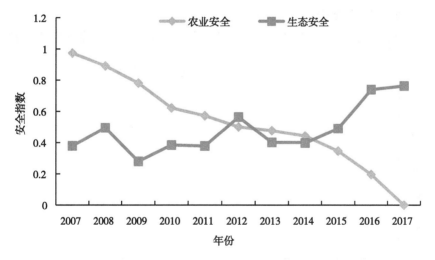

图1-14 2007—2017年北京市水资源生态安全与农业安全指数对比

北京市生态安全指数在2008年、2012年出现了2个峰值，原因是这2年降水量出现了峰值，分别为626.3mm和733.2mm，水资源总量也达到了峰值34.2亿 m³ 和39.5亿 m³。此外，2016年和2017年由于降水量的增加幅度较大，生态安全指数得到了较大提升。农业安全指数下降主要是由于人口的增加，耕地面积、有效灌溉面积和人均农业产出等指标逐年下降，农业生产功能有所削弱；与此同时，转变农业发展方式，大力发展籽种农业、休闲农业、循环农业、会展农业等都市型现代农业，农业的多功能性，尤其是生态功能得到提高（表1-3）。

表1-3　北京市2007—2017年降水量和水资源总量

年份	降水量（mm）	水资源总量（亿 m³）	年份	降水量（mm）	水资源总量（亿 m³）
2007	483.9	23.8	2013	578.9	24.8
2008	626.3	34.2	2014	461.5	20.25
2009	480.6	21.8	2015	458.6	26.8
2010	522.5	23.1	2016	660	35.1
2011	720.6	26.8	2017	592	29.8
2012	733.2	39.5			

（2）农业安全的PSR结构分析

由图1-15可知，2007—2017年北京市农业安全压力和安全状态水平都在下

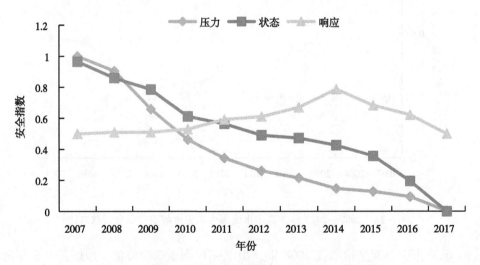

图1-15　2007—2017年北京市农业安全PSR结构分析

降，而安全响应能力却稳中上升。一方面常住人口增加；另一方面农业生产规模缩小，使得北京市的农业安全状态每况愈下；但同时，政府认识到农业在首都经

济社会发展中的战略地位，不断加大对农村和农林水事务的支出，改善农村的基础设施和农业生产条件，强化农业对鲜活农产品的保障水平，北京市农业安全的响应水平则呈缓慢提高趋势。

（3）水资源生态安全的 PSR 结构分析

由图 1-16 可知，2007—2017 年北京市水资源生态安全压力与状态呈现同步波动起伏，而响应能力总体上升。一方面，说明水资源压力对水资源安全状态的影响较为明显；另一方面，由于北京市近几年加大对农业生态功能的开发，不断提高生态建设投入，致力于调结构转方式，发展节水农业和节水型社会，因此，尽管水资源的形势日益严峻，但水资源安全的响应水平却不断上升。

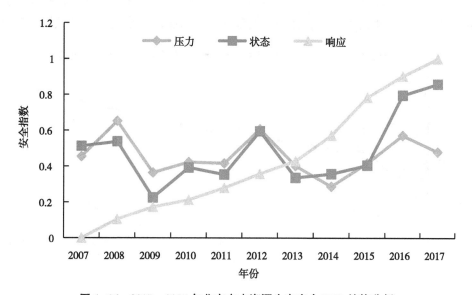

图 1-16　2007—2017 年北京市水资源生态安全 PSR 结构分析

6. 结论与建议

由于人口增长和耕地递减，近 10 年来北京市的农业安全水平不断下降，但因为对生态建设和生态农业的投入不断增长，水资源的安全水平呈波动上升趋势。

为提高北京市水资源的生态安全水平，除严格控制用水总量，坚持量水发展的原则外，还要开源节流，加大非常规水源的利用；减少化肥和农药的施用强度，避免过量施用对水资源造成污染；同时，还要加大对生态环境建设尤其是水环境建设的投入。

三、北京市农业用水情况

（一）农业用水总量变化

1. 农业绝对用水总量变化

2001 年以来，北京市用水总量在 34.3 亿~39.5 亿 m^3（图 1-17），农业一直是用水大户，节水潜力巨大，抓好农业节水是北京建设节水型城市的关键。2001

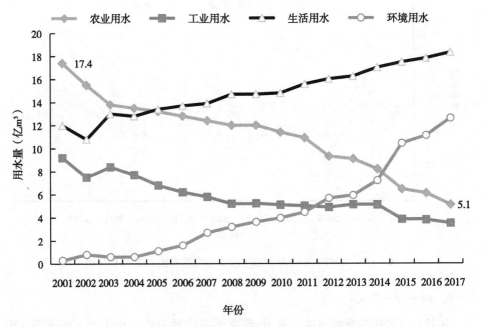

图 1-17　2001—2017 年北京市用水量变化

年北京市农业用水量 17.4 亿 m^3。近几年，由于农业规模减小，并大力发展节水农业，通过实施工程节水、农艺节水和管理节水，农业绝对用水量呈下降趋势。2005 年，生活用水量首次超过农业用水量，农业用水量由第一用水大户退居第二位；至 2015 年，农业用水量退居第三位。2017 年北京市农业用水量较 2001 年减少了 12.3 亿 m³，下降了 70.7%，年均减少 0.72 亿 m³，年均降幅 7.0%。

2. 农业相对用水量变化

农业相对用水量，即农业用水在全市用水中所占的比重，近 10 多年来也是呈下降趋势。2001 年北京市农业用水占比 44.73%，2017 年下降到 12.91%，下降了 31.82 个百分点。

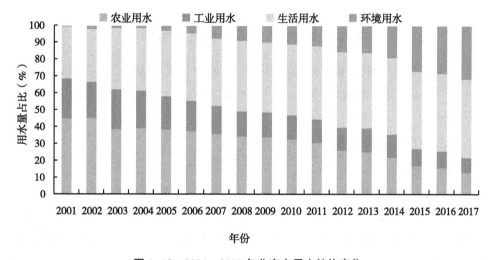

图 1-18　2001—2017 年北京市用水结构变化

从用水结构来看（图 1-18），2017 年农业用水占用水总量 12.9%，工业用水占 8.9%，生活用水占 46.3%，环境用水占 31.9%。从变化趋势来看，存在"两减两增"，农业用水和工业用水占比由 2001 年的 44.7% 和 23.7%，分别下降到 2017 年的 12.9% 和 8.9%；生活用水和环境用水占比由 2001 年的 30.8% 和 0.8%，分别增加到 2017 年的 46.3% 和 31.9%。由此可见，北京市用水结构重心由生产向生活和生态转移。

从水源构成看（图 1-19），北京市的农业用水来源主要是地下水，其次是再生水和雨洪水。2012 年北京市农业用水中，地下水 7.2 亿 m³，占 79%；再生水 1.77 亿 m³，占 20%；雨洪水 0.12 亿 m³，占 1%。

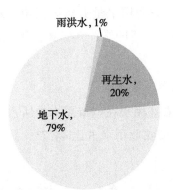

图 1-19 北京市农业用水来源构成 (2012 年)

从用水对象来看（2012 年），水田 0.43 亿 m³，水浇地 2.79 亿 m³，露地菜田 1.65 亿 m³，设施农业 1.46 亿 m³，林果 1.53 亿 m³，牧草 0.04 亿 m³，规模养殖业 0.75 亿 m³，鱼塘 0.44 亿 m³。

3.2020 年北京农业用水量预测

（1）种植业

在《关于调结构转方式 发展高效节水农业的意见》（京发 [2014] 16 号）中清楚地规定：北京市种植业的粮田占地需要进行缩减，从原来的 11.3 万 hm² 缩减到 5.3 万 hm²，而菜地的面积需要增加，从原来的 3.9 万 hm²，增加到 4.9 万 hm²，果园的面积保持不变，仍处于 6.5 万 hm² 左右。此外，在该文件中还进一步提出了灌溉用水的基本标准，规定设施作物年用水量控制在 500 立方米/亩左右，大田年用水量控制在 200 立方米/亩左右，果树年用水量控制在 100 立方米/亩左右。总体算下来，在 2020 年北京市种植业所需要的用水量大约在 6 亿 m³。

（2）畜牧业

畜牧业同样是《关于调结构转方式 发展高效节水农业的意见》所提出的重点行业，在该文件之中规定了 2020 年生猪的出栏稳定在 200 万头左右，肉禽类稳定在 6 000 万只左右，奶牛的存栏在 14 万头左右。依据《北京主要行业用水定额》可以推算出在 2020 年北京市畜牧业的用水量大约在 1.3 亿 m³。

（3）渔业

《关于调结构转方式 发展高效节水农业的意见》中明确指明，北京市在2020年水产养殖需要在3 000hm²左右，并且依据《北京主要行业用水定额》中有关水产养殖的定额，可以预测出在2020年北京市水产养殖的年需水量大约在5 000万 m³。

因此，可以预测2020年北京市农业年用水量大约在7亿 m³以上。

（二）农业各业用水量变化

农业内部有种植业、养殖业、林业、渔业等，因为各自的产业规模及单位动植物需水量不同，各业的用水量也大不相同。要考察各业的用水量及用水效率，首先需要了解农业用水在各业之间的分配。在北京市统计年鉴和水务统计年鉴中，可以查到农业的总用水量，但却没有农业内部各业的用水量，因此，只能根据各业的规模及单位动植物的需水量/灌溉量进行估算。

根据《北京市主要行业用水定额》（2001 年），可以大致估算养殖业、渔业、林业的用水量，却无法估算种植业的用水量，原因有 3 种：一是种植业作物种类多，用水差异较大。种植业既有粮食作物，也有蔬菜和果树，不同作物全生育期用水量各不相同，甚至差异较大，如粮食作物与蔬菜作物；种植业还存在露地栽培和设施栽培不同的生长条件，而同一作物在不同的生长条件下用水量又有不同。二是《北京市主要行业用水定额》（2001 年）中只有几种作物的用水量，而非种植业中所有作物的用水量。三是无法获得种植业各作物的播种/种植面积。要想计算作物全生育期的用水量，首先需要获得其播种面积数据。在北京市农业统计数据中，只有几种主要作物的播种面积，而非所有作物的播种面积。因此，本研究通过估算林业、养殖业和渔业用水量，然后用差减法，从农业总用水量中减去林业、养殖业和渔业的用水，获得种植业的用水数据。

1. 渔业用水

渔业用水包括流水养鱼用水和池塘养鱼用水。因为流水养鱼用水基本不造成水的消耗，因此，本研究的渔业用水仅考虑池塘用水。通过池塘面积和单位面积用水量进行估算。根据《北京市主要行业用水定额》（2001 年），渔业用水定额系指鱼塘死水养殖条件下的定额，按照每公顷补水 15 000m³ 进行估算。

表1-4　2000—2017年北京市渔业生产情况及用水量

年份	池塘面积（hm²）	用水总量（万 m³）	年份	池塘面积（hm²）	用水总量（万 m³）
2000	7 723	11 585	2009	4 739	7 109
2001	7 495	11 243	2010	4 526	6 789
2002	6 595	9 893	2011	4 344	6 516
2003	6 802	10 203	2012	4 254	6 381
2004	5 900	8 850	2013	4 143	6 215
2005	5 484	8 225	2014	3 850	5 775
2006	4 300	6 450	2015	3 563	5 345
2007	3 930	5 895	2016	3 397	5 096
2008	4 443	6 665	2017	3 000	4 500

数据来源：历年《北京市统计年鉴》，2017年池塘面积为估算值

从表1-4可以看出，2000—2017年渔业池塘用水总量基本上呈下降趋势。2003年以前用水量基本上保持在10万 m³以上。从2004年以来，由于池塘养殖面积的减小，渔业用水量也呈现下降趋势，从8 850万 m³降至2017年的4 500万 m³，下降幅度达49.2%。

2. 林业用水

林业用水通过荒山荒（沙）地以及育苗面积与单位面积灌水量来估算。林业中荒山荒（沙）地及育苗面积由《北京统计年鉴》获得，单位面积灌水量根据北京市节约用水办公室2001年发布的《北京市主要行业用水定额》中林业在75%水文年型的节水灌溉定额进行估算（表1-5、表1-6）。

表1-5　北京市林业灌溉定额　　　　　　　　　　（单位：m³/hm²）

类型	水文年型	喷灌		滴灌（渗灌）		微喷灌（小管出流灌）		管灌		渠道衬砌	
		沙壤土	壤黏土	沙壤土	壤黏土	沙壤土	壤黏土	沙壤土	壤黏土	沙壤土	壤黏土
苗圃	50%	2 118	2 098	1 950	1 950	2 100	2 100	2 250	2 175	2 775	2 550
	75%	2 541	2 532	2 400	2 400	2 550	2 550	2 700	2 625	3 300	3 150

（续表）

类型	水文年型	喷灌		滴灌（渗灌）		微喷灌（小管出流灌）		管灌		渠道衬砌	
		沙壤土	壤黏土	沙壤土	壤黏土	沙壤土	壤黏土	沙壤土	壤黏土	沙壤土	壤黏土
植树	50%	—	—	1 050	1 050	1 350	1 350	1 200	1 125	1 425	1 350
	75%	—	—	1 650	1 650	1 650	1 650	1 800	1 725	2 175	2 100

数据来源：《北京市主要行业用水定额》

生产中，林地和苗圃的灌溉方式以管灌为主，故，林地植树的按照每公顷每年用水 1 800 m³ 计算，苗圃按照每公顷每年用水 2 700 m³ 计算。根据林业生产情况，可估算林业各年用水情况，计算公式为：

$$W_{林业} = S_林 \times Q_林 + S_圃 \times Q_圃$$

式中，$S_林$ 为荒山荒（沙）地造林面积，$Q_林$ 为林业每亩用水定额，$S_圃$ 为育苗面积，$Q_圃$ 为苗圃每亩用水定额。

表1-6 2000—2017年林业面积与用水量

年份	人工造林面积（hm²）	育苗面积（hm²）	人工造林用水量（万 m³）	育苗用水量（万 m³）	林业总用水量（万 m³）
2000	26 093	7 295	4 697	1 970	6 666
2001	31 770	19 630	5 719	5 300	11 019
2002	47 910	23 940	8 624	6 464	15 088
2003	47 169	23 787	8 490	6 422	14 913
2004	31 526	19 860	5 675	5 362	11 037
2005	12 180	15 390	2 192	4 155	6 348
2006	12 770	14 420	2 299	3 893	6 192
2007	10 738	12 660	1 933	3 418	5 351
2008	8 962	11 948	1 613	3 226	4 839
2009	17 566	12 441	3 162	3 359	6 521
2010	13 887	12 321	2 500	3 327	5 826
2011	20 796	12 015	3 743	3 244	6 987
2012	35 752	9 744	6 435	2 631	9 066
2013	30 808	17 736	5 545	4 789	10 334

（续表）

年份	人工造林面积 （hm²）	育苗面积 （hm²）	人工造林用水量 （万 m³）	育苗用水量 （万 m³）	林业总用水量 （万 m³）
2014	22 937	13 052	4 129	3 524	7 653
2015	8 133	15 161	1 464	4 093	5 557
2016	10 012	14 925	1 802	4 030	5 832
2017	9 280	15 621	1 670	4 218	5 888

注：造林面积 2009 年以前为人工造林面积，2009—2012 年调整为荒山荒（沙）地造林面积，包括人工造林、无林地和疏林地新封面积，2013 年以来为人工造林面积。造林面积用水每公顷按照 1 800m³ 计算，育苗用水按照 2 700m³ 计算

从 2000—2017 年北京市人工造林面积和育苗面积来看，都同步呈现出先升后降—再升再降的趋势，出现了 2 个峰值，第一个峰值出现在 2002 年，第二个峰值出现在 2013 年前后。

人工造林面积从 2000 年的 26 093hm² 逐渐增加到 2002 年的 47 910hm²，之后逐年减少，一直减少到 2008 年的 8 962hm²，与 2002 年相比，减少了 81.3%。2008 年以后，人工造林面积又呈现逐渐增长趋势，到 2012 年增长到 35 752hm²。2013 年以来，又呈现下降趋势，从 30 808hm² 下降至 2017 年的 9 280hm²。

育苗面积从 2000 年的 7 295hm² 增长到 2003 年的 23 787hm²，之后逐渐减少，一直减少到 2012 年的 9 744hm²，与 2003 年相比减少了 14 043hm²，减少了 59.0%。2013 年以来，稳定在 1.3 万~1.8 万 hm²。

从人工造林面积和育苗面积用水结果可以看出，2001 年、2002 年、2003 年、2004 年林业用水量超过 1 亿 m³，分别达到 1.10 亿 m³、1.51 亿 m³、1.49 亿 m³、1.10 亿 m³，之后一直保持在 0.48 亿~0.91 亿 m³。其中，2005—2008 年林业用水量处于 6 348万~4 839 万 m³，与 2004 年相比，大幅度降低；2008 年以后，林业用水量又有所增加，2013 年再次超过 1 亿 m³，达到 10 334万 m³，2015—2017年稳定在 5 557万~5 888万 m³。

从近 18 年人工造林用水以及育苗用水占林业用水的比例来看（图 1-20），人工造林用水占林业用水的比例从 2000 年的 70.45% 降低到 2008 年的 33.33%，之后占比逐年增加，在 2012 年占比高达 70.98%，随后又持续下降，降至 2017 年的 28.37%。育苗用水占比在 2000 年为 29.55%，之后逐年增长，到 2008 年占

比达到 66.67%，随后开始逐渐下降，降至 2012 年的 29.02%，到 2015 年，用水占比大幅超过人工造林用水，达到 73.66%。同时，人工造林用水与育苗用水相比较，在 2004 年以前，造林用水占比高于育苗用水，2005—2010 年育苗用水占比远高于造林用水，2011—2014 年造林用水占比又高于育苗用水，2015 年以来育苗用水占比再次远高于人工造林用水。

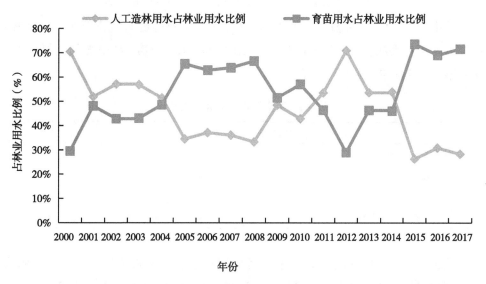

图 1-20　2000—2017 年林业用水中人工造林以及育苗用水占比

3. 畜牧业用水

畜牧业的养殖用水定额包括场地冲洗、牲畜饮用、饲料清洗及拌和用水等。畜牧养殖业用水通过畜禽养殖数量、每头（只）畜禽单日饮水量与存栏和出栏周期进行估算，由于每头（只）畜禽成长阶段饮水量不同，采用成长系数进行校正。根据统计数据的可获得性，本研究选取大牲畜、猪、羊及家禽四大类进行分析研究。畜禽养殖数量、畜禽存栏量、出栏量由《北京市统计年鉴》获得。每头（只）畜禽单日饮水量由北京市节约用水办公室 2001 年发布的《北京市主要行业用水定额》中畜牧业用水定额进行估算。其中，大牲畜存栏主要是奶牛，存栏周期为 365 天，成长系数为 0.75；大牲畜出栏主要是肉牛，出栏周期为 90天；每日每头用水 40L。猪的出栏周期为 180 天，成长系数为 0.5，存栏周期也为 180 天，每日每头用水 40L。羊的出栏周期为 300 天，成长系数为 0.75，每日每头用水 8L。家禽存栏主要是蛋鸡，存栏周期为 365 天，成长系数为 0.8；家禽出栏主要是肉鸡和肉鸭，出栏周期为 50 天；家禽每日每只用水 4L。

畜牧业用水计算公式为：

$$W_{畜牧} = \sum_{i=1}^{n} (A_{i存} \times C_{i存} \times F_i + A_{i出} \times C_{i出}) \times Q_i$$

式中，$A_{i存}$ 为第 i 种畜禽的存栏量，$C_{i存}$ 为第 i 种畜禽的饲养周期，F_i 为第 i 种畜禽的成长系数，$A_{i出}$ 为第 i 种畜禽的出栏量，$C_{i出}$ 为第 i 种畜禽的出栏周期，Q_i 为第 i 种畜禽的日需水量（表 1-7）。

表 1-7　畜禽用水量计算相关参数

	大牲畜	猪	羊	家禽
日需水量（L/头或 L/只）	40	40	8	4
存栏周期（天）	365	180	300	365
成长系数	0.75	0.5	0.75	0.8
出栏周期（天）	90	180	300	50

从结果可以看出（表 1-8），畜牧养殖用水总量自 2000 年以来一直呈下降趋势。用水量最高值出现在 2004 年，达到 1.22 亿 m^3。2005 年以前在 1 亿 m^3 以上，2005—2014 年保持在 7 873.7 万～9 471.2 万 m^3，2015 年降至 7 000 万 m^3 以下，2017 年仅 4 955.7 万 m^3，是 2004 年的 40%。

家禽和养猪用水是畜牧业的主要用水。2000—2012 年家禽平均用水量为 5 946.5 万 m^3，2013 年用水量降至 5 000 万 m^3 以下，且逐年降低，2017 年仅 2 414.6 万 m^3。虽然用水量降幅较大，但用水占比一直是畜牧业用水占比的最大值，占比从最高的 63.7% 降至 48.7%，平均占畜牧业用水的比重为 58%。其次为养猪用水，用水量在 2 147 万～4 191 万 m^3，平均用水占畜牧养殖业用水的比重为 34%。

从大牲畜、羊、猪、家禽等主要畜禽的用水占比结果来看，大牲畜和羊养殖用水占比较低，大牲畜近 18 年每年用水占比在 2.9%～3.7%，年际间变化不大；羊每年用水占比在 3.3%～8.5%，在 2000—2005 年占比较高，之后呈现略有下降

趋势，但是一直保持在 3% 以上；养猪用水占比较高，近 18 年基本保持在
30.6%～43.3%；家禽用水占比最高，近 18 年用水占比在 48.7%～63.7%。整体
来看，四大主要养殖业用水较为稳定。

表 1-8　2000—2017 年北京市养殖业情况及用水量

年份	2000	2001	2002	2003	2004	2005	2006	2007	2008
存栏（万头、万只）									
大牲畜	22.3	25.2	27.5	28.9	31.7	26.6	21.4	24.9	24.5
羊	108.5	124.3	142.1	146.6	158.5	126.0	70.8	78.9	73.2
猪	239.5	236.8	242.3	232.0	243.2	218.8	144.6	168.2	179.8
家禽	3 183.9	3 045.0	3 092.9	3 439.9	3 253.3	3 125.1	2 280.5	2 950.4	2 724.3
出栏（万头、万只）									
猪	380.3	393.0	399.8	393.5	460.5	448.7	281.5	288.6	292.7
牛	16.1	20.7	23.7	26.1	29.0	24.5	16.9	15.6	11.9
羊	96.5	155.4	190.2	209.8	315.9	256.1	126.1	117.4	90.0
家禽	12 196.6	13 825.3	14 951.1	15 388.0	13 962.5	13 410.6	11 402.5	12 946.7	11 983.0
用水量（万 m³）									
牛	302.0	350.3	387.0	410.1	451.5	379.5	295.2	328.9	310.6
猪	3 600.1	3 682.2	3 750.7	3 668.3	4 191.1	4 018.3	2 547.4	2 683.1	2 754.7
羊	426.9	596.8	712.1	767.4	1 043.5	841.4	430.1	423.7	347.7
家禽	6 158.1	6 321.6	6 602.7	7 095.4	6 592.4	6 332.2	4 944.1	6 035.4	5 578.6
合计	10 487.1	10 951.0	11 452.6	11 941.1	12 278.4	11 571.5	8 216.7	9 471.2	8 991.6
占比（%）									
牛	2.9	3.2	3.4	3.4	3.7	3.3	3.6	3.5	3.5
猪	34.3	33.6	32.8	30.7	34.1	34.7	31.0	28.3	30.6
羊	4.1	5.4	6.2	6.4	8.5	7.3	5.2	4.5	3.9
家禽	58.7	57.7	57.7	59.4	53.7	54.7	60.2	63.7	62.0

（续表）

年份	2009	2010	2011	2012	2013	2014	2015	2016	2017
存栏（万头、万只）									
大牲畜	23.4	21.9	22.3	22.3	21.1	20.3	18.1	16.7	13.3
羊	67.4	60.6	57.8	58.1	59.5	68.4	69.4	59.6	35.2
猪	186.6	183.1	179.3	187.4	189.2	179.6	165.6	165.3	112.2
家禽	2 835.4	2 737.5	2 662.8	2 596.4	2 524.9	2 544.6	2 128.4	1 838.1	1 382.4
出栏（万头、万只）									
猪	314.0	311.9	312.2	306.1	314.4	305.8	284.4	275.4	242.1
牛	11.7	11.1	11.4	11.9	11.2	9.2	8.4	7.4	8.4
羊	86.7	86.4	78.6	71.8	70.8	68.7	71.0	69.6	64.5
家禽	12 355.0	11 779.7	10 736.7	10 089.4	8 529.8	7 550.7	6 550.0	5 550.0	4 000
用水量（万 m³）									
牛	298.0	280.0	285.0	286.7	271.4	255.6	228.4	209.5	175.9
猪	2 932.7	2 905.1	2 893.5	2 878.6	2 944.8	2 848.0	2 644.0	2 578	2 147
羊	329.4	316.6	292.7	276.8	276.9	287.8	295.3	274.3	218.2
家禽	5 782.7	5 553.3	5 257.5	5 050.5	4 655.0	4 482.2	3 796	3 256.9	2 414.6
合计	9 342.9	9 055.0	8 728.6	8 492.6	8 148.2	7 873.7	6 963.7	6 318.7	4 955.7
占比（%）									
牛	3.2	3.1	3.3	3.4	3.3	3.2	3.3	3.3	3.5
猪	31.4	32.1	33.1	33.9	36.1	36.2	38.0	40.8	43.3
羊	3.5	3.5	3.4	3.3	3.4	3.7	4.2	4.3	4.4
家禽	61.9	61.3	60.2	59.5	57.1	56.9	54.5	51.5	48.7

数据来源：历年北京市农村统计资料，北京统计年鉴，其中，2015—2017 年的家禽出栏量为估算值

4. 种植业用水

采用差减法，从农业总用水量中减去林业、养殖业和渔业用水，获得种植业的用水数据。种植业用水量的估算公式为：

$$W_{种植} = W_{农业} - W_{畜牧} - W_{渔业} - W_{林业}$$

从结果（表1-9）可以看出，种植业用水呈现出逐年下降趋势。2000 年种植业用水为 16.68 亿 m³，2007 年以前保持在 10.0 亿 m³ 以上，之后急剧下降，到

2017 年用水减为 3.57 亿 m³，仅为 2000 年的 21.7%。

表 1-9　2000—2017 年北京市农业各业用水量变化　　（单位：亿 m³）

年份	农业	种植业	林业	畜牧业	渔业
2000	19.56	16.68	0.67	1.05	1.16
2001	17.40	14.08	1.10	1.10	1.12
2001	15.45	11.81	1.51	1.15	0.99
2003	13.80	10.09	1.49	1.19	1.02
2004	13.50	10.28	1.10	1.23	0.89
2005	13.20	10.59	0.63	1.16	0.82
2006	12.80	10.71	0.62	0.82	0.65
2007	12.40	10.33	0.54	0.95	0.59
2008	12.00	9.95	0.48	0.90	0.67
2009	12.00	9.70	0.65	0.93	0.71
2010	11.40	9.23	0.58	0.91	0.68
2011	10.90	8.68	0.70	0.87	0.65
2012	9.30	6.91	0.91	0.85	0.64
2013	9.10	6.75	0.92	0.81	0.62
2014	8.20	6.07	0.77	0.79	0.58
2015	6.50	4.71	0.56	0.70	0.53
2016	6.10	4.38	0.58	0.63	0.51
2017	5.1	3.57	0.59	0.50	0.45

　　农业内部各业的用水量见表 1-9，其变化如图 1-21 所示。从图 1-21，表 1-10 可知，近些年来北京市农业及其内部各业用水均呈下降趋势。

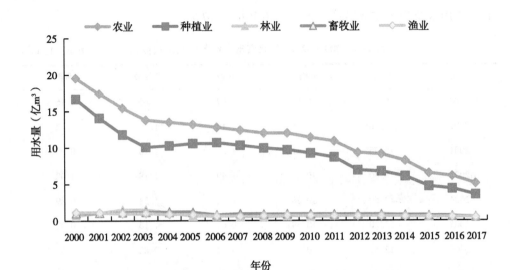

图 1-21 2000—2017 年全市农业及其内部各业用水量变化

表 1-10 2000—2017 年北京市农业及各业用水变化情况

	平均年用水总量		减少量		下降幅度		贡献率	
	（亿 m³）	（%）	（亿 m³）	排序	（%）	排序	（%）	排序
农业用水	11.60		14.46		73.92			
种植业	9.14	78.8	13.11	1	78.60	1	90.7	1
林业	0.80	6.9	0.92	2	60.93	3	6.4	2
畜牧业	0.92	7.9	0.73	3	59.35	4	5.0	3
渔业	0.74	6.4	0.71	4	61.21	2	4.9	4

从用水量来看，种植业用水最多，2000—2017 年种植业平均用水量为 9.14
亿 m³；其次是畜牧业，0.92 亿 m³；用水较少的是林业和渔业，分别为
0.80 亿 m³ 和 0.74 亿 m³。

从用水的减少量来看，2000—2017 年北京市农业用水总量减少 14.46 亿 m³，
其中，种植业用水减少最多，为 13.11 亿 m³；渔业减少量最少，为 0.71 亿 m³。
林业、畜牧业的减少量分别为 0.92 亿 m³ 和 0.73 亿 m³。林、牧、渔三者减少量
的总和为 2.36 亿 m³，约为种植业减少量的 1/6。减少用水量的排序为：种植业>

林业>畜牧业>渔业。

从用水量的下降幅度来看，2000—2017 年北京市农业用水总量下降幅度为 73.92%。其中，种植业的下降幅度最大，为 78.60%；其次是渔业，为 61.21%；第三是林业，下降幅度为 60.93%；畜牧业的下降幅度最小，为 59.35%。下降幅度的排序为：种植业>渔业>林业>畜牧业。

从用水量减少对农业用水总量减少的贡献来看，种植业的贡献无疑是最大的，达 90.7%；渔业最小，为 4.9%；林业和畜牧业对农业用水量减少的贡献率分别为 6.4% 和 5.0%。对农业用水量减少的贡献排序为：种植业>林业>畜牧业>渔业。

（三）农业用水效率

农业用水效率可以有多种表示方法。一是万元农业 GDP 水耗；二是农业灌溉水有效利用系数；三是单位农业用水的实物产出，即水分生产率。

1. 万元农业 GDP 水耗

万元农业 GDP 水耗指每万元农业 GDP 所消耗的水量，与万元 GDP 能耗的涵义类似。该值越大，表明用水效率越低，反之则越高。农业虽然是用水大户，但用水效率却很低，万元农业生产总值的水耗远高于全市万元 GDP 水耗。尽管全市万元 GDP 水耗和农业万元 GDP 水耗都在不断下降，但农业万元 GDP 水耗下降速度小于全市万元 GDP 水耗。2001—2017 年，全市万元 GDP 水耗从 104.9m³ 下降到 14.1m³，下降幅度为 86.6%，年均降幅 9.3%；同期，农业万元 GDP 水耗从 2 213.7m³ 下降到 423.2m³，下降幅度为 80.9%，年均降幅 11.1%。2001 年农业万元 GDP 水耗是全市万元 GDP 水耗的 21 倍；到 2017 年，农业万元 GDP 水耗却是同期全市万元 GDP 水耗的 30 倍，详见表 1-11。

表 1-11　农业万元 GDP 水耗变化情况　　　　　　　　（单位：m³）

年份	万元 GDP 水耗	万元农业 GDP 水耗	年份	万元 GDP 水耗	万元农业 GDP 水耗
2001	104.9	2 213.7	2010	24.9	929.1
2002	80.2	1 925.5	2011	22.1	811.4

（续表）

年份	万元 GDP 水耗	万元农业 GDP 水耗	年份	万元 GDP 水耗	万元农业 GDP 水耗
2003	71.5	1 687.0	2012	20.1	628.4
2004	57.4	1 582.7	2013	18.4	569.4
2005	49.5	1 531.3	2014	17.6	515.7
2006	42.3	1 498.8	2015	16.6	460.2
2007	35.3	1 247.5	2016	15.8	470.7
2008	31.6	1 077.2	2017	14.1	423.2
2009	29.9	1 027.4			

2. 农业灌溉水有效利用系数

北京市节水技术的研究与成果应用，极大地推动了节水农业的发展。通过工程、农艺和管理等多种节水措施并举，全市农业灌溉水利用系数①逐年提高，由2001 年的 0.55 提高到 2017 年的 0.732，提高了 33.1%，约比全国同期平均农业灌溉水利用系数高 0.20 左右，仅次于上海市，位居全国第二。

3. 水分生产率

农业节水技术的应用与推广，也提高了单位农业用水的实物产出。2012 年与 2001 年相比，北京市粮食每立方米水产出提高 16.8%；蔬菜每立方米水产出提高 19.1%。但以番茄生产为例，北京市的水分生产率与国内平均水平相比，还有一定差距，与国外的差距则更大，详见表 1-12。

北京市温室沟灌/漫灌/畦灌条件下，鲜番茄的水分生产率为 5.0 ~ 6.86kg/m³，即生产 1kg 鲜番茄用水量为 146 ~ 200L；温室滴灌/渗灌条件下，鲜番茄的水分生产率为 23 ~ 24kg/m³，即生产 1kg 鲜番茄用水量为 42 ~ 44L。国内温室沟灌条件下番茄水分生产率为 15kg/m³，即生产 1kg 鲜番茄用水量为 94L；滴灌或者渗灌条件下番茄的水分生产率为 25 ~ 28kg/m³，即生产 1kg 鲜番茄用水量为 40 ~

---

① 农业灌溉水利用系数指在 1 次灌水期间被农作物利用的净水量与水源渠首处总引进水量的比值，是衡量灌区从水源引水到田间作物吸收利用水的过程中灌溉水利用程度的重要指标。发达国家该系数可达到 0.7 ~ 0.8

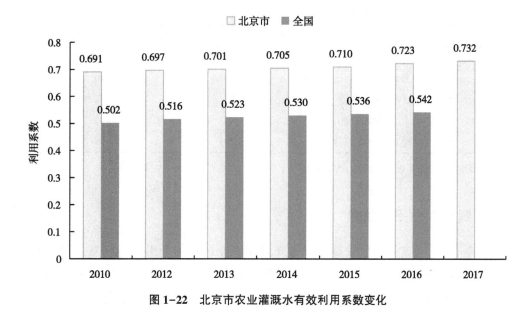

图 1-22 北京市农业灌溉水有效利用系数变化

45L。露地滴灌条件下番茄的水分利用效率为 3~3.7kg/m³，即生产 1kg 鲜番茄用水量为 285~333L。

发达国家的水分生产率较高。西班牙、以色列等国在不加温温室或大棚中生产 1kg 鲜番茄用水量大约为 30L~40L，即水分生产率为 25~33.3kg/m³；而露地生产则用水量为 60L，即水分生产率为 16.7kg/m³；荷兰在智能温室中生产 1kg 鲜番茄的用水量大约为 22L，在此基础上若采用水循环系统则仅用水 15L，即水分生产率分别为 45.4~66.7kg/m³。

表 1-12 不同国家番茄的水分生产率

地区及种植条件		水分生产率（kg/m³）	生产每 kg 实物用水量（L/kg）
北京	温室沟灌/漫灌/畦灌	5.0~6.86	146~200
	温室滴灌/渗灌	23~24	42~44
国内	露地滴灌	3~3.7	285~333
	温室沟灌	15	94
	温室滴灌或渗灌	25~28	40~45

（续表）

地区及种植条件		水分生产率（kg/m³）	生产每 kg 实物用水量（L/kg）
	以色列（露地）	16.7	60
	西班牙（大棚）	25	40
国外	以色列（不加温温室）	33.3	30
	荷兰（气候控制温室）	45.4	22
	荷兰（气候控制+水循环利用）	66.7	15

数据来源：根据李亚灵（2011）文献整理

（四）农业用水效益

本研究中，农业用水效益是指每立方米农业用水的产出（包括直接经济效益、间接经济效益和生态服务价值）。如果仅仅用直接经济效益来表示，那么"农业用水效益"就是指每立方米农业用水所产出的农业增加值，与"万元农业GDP 水耗"的数值是一个倒数关系。即万元农业 GDP 水耗越高，农业用水效益则越低，反之，亦然。以下分析农业及其内部各产业用水的经济产出（用水效益）。

1. 农业用水效益分析

与二三产业不同，农业是一个自然与经济相交织的复合系统，其用水既有经济产出，也有生态效益。如果仅仅用直接经济效益来衡量农业用水效益，有失偏颇。比较农业用水效益与全市用水效益，需考虑农业的整体产出。本研究借鉴"北京都市型现代农业生态服务价值监测公报"中对于农业生态服务价值的估算，将其中有中间投入的产值项按当年农业中间投入的占比进行了"增加值"的估算，得出 2009—2017 年北京市"农业绿色 GDP"；将全市 GDP 中农业增加值替换为"农业绿色 GDP"，得到"全市绿色 GDP"（年值）。由此估算出，2009—2017 年北京市农业用水效益在 210～571 元/m³，并呈不断上升趋势；同期全市用水效益在 410～780 元/m³，亦呈上升趋势。但农业绿色 GDP 的比重仍比同期农业用水比重要低，可喜的是，这一差距在不断缩小，2009 年两者相差 16.8个百分点，2017 年两者仅相差 3.4 个百分点（表 1-13）。

表 1-13 北京市农业用水效益及与全市的比较

	2009	2010	2011	2012	2013	2014	2015	2016	2017
农业绿色 GDP（亿元）	2 523	2 576	2 680	2 825	2 801	2 753	2 821	2 823	2 913
全市绿色 GDP（亿元）	14 825	16 894	19 174	21 027	22 971	24 538	26 366	28 363	30 793
农业用水（亿 m³）	12.0	11.4	10.9	9.3	9.1	8.2	6.5	6.1	5.1
全市用水（亿 m³）	35.5	35.2	36.0	35.9	36.4	37.5	38.2	38.8	39.5
农业用水效益（元/m³）	210	226	246	304	308	336	437	463	571
全市用水效益（元/m³）	418	480	533	586	631	654	690	731	780
农业用水比重（%）	33.8	32.4	30.3	25.9	25.0	21.9	16.9	15.7	12.9
农业绿色 GDP 比重（%）	17.0	15.2	14.0	13.4	12.2	11.2	10.7	10.0	9.5

数据来源：根据历年《北京市统计年鉴》《北京都市型现代农业生态服务价值监测公报》数据整理

2. 农业内部各业用水效益分析

农业内部，种植业、养殖业、林业、渔业的用水量不同，产出不同，因此，各业的用水效益也各不相同。分析各业的用水效益变化，可以为用水结构调整提供可参考的依据。这里拟分析近十年来北京农业内部各业的用水效益。但由于大农业内部农、林、牧、渔业增加值的最新统计数据只到 2015 年，因此，"近十年"的研究期限是 2004—2015 年，2004 年为研究基准年。

（1）各业绝对用水效益分析

为区别相对用水效益，本研究中若无特别说明，"用水效益"则均指绝对用水效益。

从图 1-23 和表 1-15 可以看出，2004—2015 年北京市农业及其各业用水效益均呈上升趋势，农业的用水效益上升了 1.8 倍，种植业的用水效益上升了 2.2 倍，林业上升最快，达到了 7.2 倍，其中，林业在 2011—2014 年的上升趋势非常明显，从 11.6 元/m³ 上升到 52.0 元/m³，甚至超过了畜牧业的用水效益（51.6 元/m³）；渔业用水效益上升了 0.8 倍，而畜牧业的用水效益上升幅度最小，只有 0.5 倍。

2004—2015 年农业用水效益平均为 12.5 元/m³，畜牧业最高，为 46.3

元/m³；其次是林业 21.8 元/m³；再次是种植业 8.1 元/m³；最低的是渔业，6.1 元/m³。与农业整体用水效益相比，畜牧业和林业均高于农业整体用水效益，分别是其 3.7 倍和 1.7 倍；种植业和渔业则低于农业整体用水效益，只是其 0.65 倍和 0.49 倍。

值得指出的是，林业的用水效益在 2011—2014 年由 11.6 元/m³ 急剧上升到 52.0 元/m³，与北京市平原造林工程的补贴有直接关系，并不代表林业的实际用水效益有实质上的跃升。2012 年春，北京市启动平原造林工程，造林建设标准分为每亩 3.5 万元、3 万元、2.8 万元 3 档。造林完成后，林木养护的管理费，将按照每平方米每年 4 元的标准投入，即 2 667元/亩。用于造林的土地，市政府给予生态涵养发展区每年每亩补助 1 000元，其他地区每年每亩补助 1 500元，补助期限暂定到 2028 年，并建立动态增长机制。正是因为政府对平原造林的补助和维护费用投入，使得林业的用水效益急剧上升。

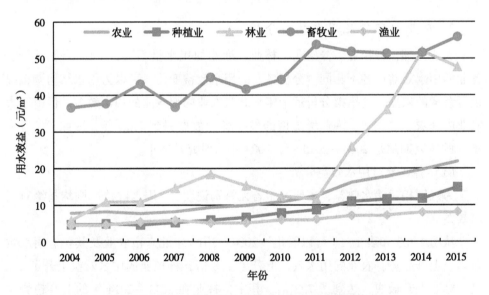

图 1-23　2004—2015 年北京市农业各业用水效益变化

（2）各业相对用水效益分析

将各业的用水比重与其增加值比重联系起来看，本研究提出"相对用水效益"的概念，即指各行业增加值比重与其用水比重的比值。用相对用水效益指数

（K）表示其大小。其表达式如下：

$$K = \frac{\text{各业增加值}/\text{农业增加值}}{\text{各业用水量}/\text{农业用水总量}}$$

K 值越大，说明其相对水效益越好；K＝1 表明其用水消耗与其产出贡献相当；K＞1，表明其产出贡献大于其用水消耗；K＜1 表明其产出贡献小于其用水消耗。

计算结果表明，农业内部各业的绝对用水效益与相对用水效益变化各不相同。2004—2015 年，养殖业的用水效益虽然在不断上升，但其相对用水效益却呈下降趋势，相对用水效益指数从 2004 年的 4.66 下降到 2015 年的 2.25，下降幅度为51.7%；林业在用水效益上升的同时，相对用水效益也呈上升趋势，相对用水效益指数从 2004 年的 0.74 上升到 2014 年的最高点（2.64），上升幅度为 257%；种植业的用水效益虽然也呈上升趋势，但其相对用水效益却一直相对稳定（在 0.6～0.7）；渔业的用水效益虽有上升，但其相对用水效益则稍有下降，相对用水效益指数从 2004 年的 0.58 下降到 2015 年的 0.33（图 1-24，表 1-14）。

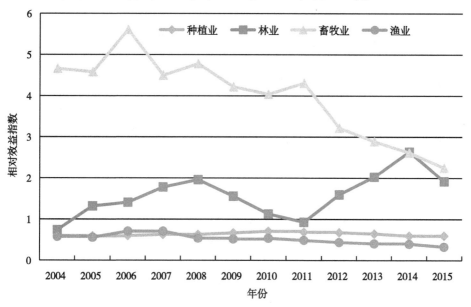

图 1-24　2004—2015 年北京市农业各业相对用水效益指数

表1-14 2004—2015年北京市农业各业用水效益及相对用水效益指数

	2004	2005	2006	2007	2008	2009	2010	2011	2012	2013	2014	2015	平均
用水效益（元/m³）													
农业	7.8	8.2	7.7	8.2	9.4	9.9	10.9	12.5	16.2	17.8	19.7	21.9	12.5
种植业	4.7	4.9	4.6	5.2	5.9	6.6	7.8	8.7	11.0	11.6	11.8	14.9	8.1
林业	5.8	10.9	10.8	14.6	18.4	15.3	12.4	11.6	25.9	36.0	52.0	47.7	21.8
畜牧业	36.6	37.7	43.0	36.7	44.9	41.6	44.2	53.8	51.9	51.4	51.6	55.9	46.3
渔业	4.5	4.6	5.4	5.8	5.1	5.1	5.9	6.1	7.1	7.2	8.0	8.2	6.1
相对用水效益指数													
种植业	0.60	0.59	0.60	0.63	0.63	0.67	0.71	0.69	0.68	0.65	0.60	0.60	0.64
林业	0.74	1.32	1.41	1.78	1.96	1.56	1.13	0.93	1.60	2.03	2.64	1.92	1.59
畜牧业	4.66	4.58	5.61	4.50	4.78	4.22	4.04	4.31	3.22	2.89	2.62	2.25	4.00
渔业	0.58	0.56	0.71	0.71	0.54	0.52	0.54	0.49	0.44	0.41	0.40	0.33	0.52

从阶段变化来看（表1-15），不论是"十一五"期间，还是"十二五"期间，抑或是2004—2015年，畜牧业的相对用水效益均为最高，其次是林业，再次是种植业，渔业最低。从"十二五"（2011—2015）来看，畜牧业的相对用水效益是林业的1.7倍，是种植业的4.9倍，是渔业的7.6倍。

表1-15　北京市农业部各业2004—2015年平均相对用水效益指数

	种植业	林业	畜牧业	渔业
2006—2010年平均	0.65	1.57	4.63	0.60
2011—2015年平均	0.64	1.82	3.13	0.41
2004—2015年平均	0.64	1.59	4.00	0.52

四、本章小结

1. 北京市水资源量短缺形势依然严峻

通过整理2001—2017年北京市农业供水和用水数据可知，近十几年来，北京市水资源总量变化与地表水和地下水资源量变化趋势一致，总量主要维持在16.1亿~39.5亿 m³，其中地表水约占1/3，地下水约占2/3。同时，北京地下水埋深逐渐加深，地下水漏斗面积逐年扩大。降雨是水资源的重要补充，最近十几年的降水量呈现逐年增加趋势，但是与2000年以前相比，降水量整体偏低，仍然出现连续多年干旱的气候，严重制约了北京农业的可持续发展。北京人均水资源量在94.9~198.5m³，远远低于国际公认的人均1 000m³的缺水警戒线。

2. 地下水供应是主力，再生水与南北水调供水比例增加

2000—2002年供水源主要由地表水和地下水供给，其中，地表水供给量约占1/3，地下水供给量约占2/3。2003—2007年地表水供给占总供给量比例在16.3%~23.3%，地下水供给比例在69.5%~77.6%，再生水供给占总供水量的比例为5.7%~14.2%，2014年北京市再生水的供应量达到8.6亿 m³。再生水的利用对于缓解水资源短缺起到重要作用，成为北京市不可或缺的水源。2008—2017年，地表水供给占水资源总供给量的比重由22.5%下降至7.5%，地下水供水比

重由 65.2%下降至 42.1%，再生水供水比重由 17.1%上升至 26.6%，南水北调水供水比重由 0.2%上升至 22.3%。2008—2017 年，地表水、地下水、再生水和南水北调用水比例平均为 13.2%、54.4%、21.8%和 10.7%，再生水和南水北调用水比例逐渐上升，地下水供水比例呈逐年下降趋势。

3. 工业用水、农业用水占比逐年下降，生活用水、环境用水占比上升

近 18 年北京市总用水量中，以生活用水和农业用水为主导。2000—2017 年，北京市工业用水与农业用水分配量逐年下降，生活用水和环境用水逐年上升。从整体分配比重来看，近 18 年间，北京市生活用水占比从 2000 年的 26.3%上升到 2017 年的 46.3%，环境用水从 1.0%上升到 31.9%，工业用水占比从 2000 年的 24.4%下降到 2017 年的 8.9%。2005 年以前，农业用水一直是北京市用水的绝对主体，高于生活用水、工业用水和环境用水。2005 年以后，生活用水成为用水主体，农业用水比重一直呈现缩减趋势。农业用水量从 2000 年的 19.56 亿 m³ 下降到 2017 年的 5.1 亿 m³，减少了 14.46 亿 m³，下降了 74%，年均减少0.8 亿 m³；同期，农业用水占全市用水的比例由 48.5%下降为 12.9%，农业也由第一用水大户降至第三位。

4. 水资源生态安全指数逐年提升，农业安全指数下降

2007—2017 年北京市农业安全指数呈下降趋势，至 2016 年下降至差等水平；2007—2015 年水资源生态安全指数在 0.28~0.56，属较差和一般水平，但总体上呈波动上升趋势，2016 年突破 0.7，2017 年达到 0.76。近 10 年来，北京水资源生态安全压力与状态呈现同步波动起伏，而响应能力总体上升。一方面，说明水资源压力对水资源安全状态的影响较为明显；另一方面，由于北京市近几年加大对农业生态功能的开发，不断提高生态建设投入，致力于调结构转方式，发展节水农业和节水型社会，因此，尽管水资源的形势日益严峻，但水资源安全的响应水平却不断上升。

5. 近些年来北京市农业及其内部各业用水均呈下降趋势，种植业用水减少贡献最大

2000—2017 年北京市农业用水及各行业用水逐年减少。从用水量来看，种

植业用水最多，其次是畜牧业，用水较少的是林业和渔业。从用水的减少量来看，2000—2017 年北京市农业用水总量减少 14.46 亿 m³，其中，种植业用水减少最多，为 13.11 亿 m³；渔业减少量最少，为 0.71 亿 m³。林、牧、渔三者减少量的总和为 2.36 亿 m³，约为种植业减少量的 1/6。减少用水量的排序为：种植业>林业>畜牧业>渔业。从用水量的下降幅度来看，2000—2017 年北京市农业用水总量下降幅度为 73.92%。其中，第一是种植业，下降幅度最大，为 78.60%；第二是渔业，为 61.21%；第三是林业，下降幅度为 60.93%；第四是畜牧业，下降幅度最小，为 59.35%。下降幅度的排序为：种植业>渔业>林业>畜牧业。从用水量减少对农业用水总量减少的贡献来看，种植业的贡献无疑是最大的，达 90.7%；渔业最小，为 4.9%；林业和畜牧业对农业用水量减少的贡献率分别为 6.4% 和 5.0%。对农业用水量减少的贡献排序为种植业>林业>畜牧业>渔业。

6. 全市农业用水绝对效益上升，各行业相对用水效益呈不同变化

2004—2015 年北京市农业及其各业用水效益均呈上升趋势，农业的用水效益上升了 1.8 倍，种植业的用水效益上升了 2.2 倍，林业上升最快，达到了 7.2 倍。而农业内部各业的绝对用水效益与相对用水效益变化各不相同。2004—2015 年，养殖业的用水效益虽然在不断上升，但其相对用水效益却呈下降趋势，相对用水效益指数从 2004 年的 4.66 下降到 2015 年的 2.25，下降幅度为 51.7%；林业在用水效益上升的同时，相对用水效益也呈上升趋势，相对用水效益指数从 2004 年的 0.74 上升到 2014 年的最高点（2.64），上升幅度为 258%；种植业的用水效益虽然也呈上升趋势，但其相对用水效益指数却一直相对稳定（在 0.6~0.7）；渔业的用水效益虽有上升，但其相对用水效益则稍有下降，相对用水效益指数从 2004 年的 0.58 下降到 2015 年的 0.33。

第二章　北京市农业用水结构变化与驱动力分析

一、研究背景、目的与意义

（一）研究背景

水资源是人类在生产和生活过程中广泛利用的资源，不仅广泛应用于农业、工业和生活，还用于发电、水运、水产、旅游和环境改造等。水资源质、量适宜，且时空分布均匀，将为区域经济发展、自然环境的良性循环和人类社会进步做出巨大贡献。水资源开发利用不当，又可制约国民经济发展，破坏人类的生存环境。

中国是一个干旱缺水严重的国家。淡水资源总量为2.8万亿 m^3，占全球水资源的6%，仅次于巴西、俄罗斯和加拿大，居世界第四位，但人均只有 2 200m^3，仅为世界平均水平的 1/4，美国的 1/5，是全球人均水资源最贫乏的国家之一。随着人口的急剧膨胀及社会经济的迅速发展，严重短缺的水资源已经引起一系列社会、经济和生态问题，成为区域社会经济可持续发展的主要瓶颈，并严重影响了区域水安全、生态安全和粮食安全。

北京市位于华北平原西北部，是全国政治、文化中心，行政区总面积 16 800km^2，其中，山区面积 10 400km^2，平原面积 6 400km^2。北京市属温带半干旱半湿润性季风气候，冬季受蒙古高压影响，盛行偏北风，天气晴朗少雨雪；夏季受大陆热低压影响，盛行偏南气流，多阴雨天气。全市多年平均降水量 585mm，年平均气温为 11~12℃，极端最高气温43.5℃，极端最低气温-27.4℃。

年日照数 2 600~2 800 小时，年水面蒸发量 1 120mm，多年平均陆面蒸发量在 450~500mm。

　　为了缓解水资源危机，北京市政府积极采取了计划用水、节约用水和调整产业结构等多种措施，克服水资源紧缺带来的重重困难，初步缓解了水的供需矛盾。但现状的表面平衡并没有从根本上解决首都的水资源紧缺问题。为解决北京地区水资源供需矛盾，北京市政府等相关部门进行了多次协商研究，在国务院批准的《北京城市总体规划》中明确提出南水北调工程是缓解北京水资源紧缺的根本措施。

　　近 20 年来，随着社会经济的发展，北京市用水总量降低，农业用水比重缩小，工业用水减少并趋于稳定，城市及生活用水持续增加。农业作为北京市用水大户，由于受到来自工业、生活和生态用水的压力，其用水形势非常严峻。农业水资源的不足，严重制约了北京市农村经济的发展。因此，明确北京市农业用水变化趋势，分析引起其变化的原因，有助于进一步做好北京市农业节水工作。

　　随着都市农业的发展，针对京郊农业节肥节水、生态环保等方面的研究较多。有关用水的研究，大多从整体的角度对北京市用水结构的各个层面——工业、农业、生活、生态用水变化情况及其驱动力进行分析，而重点针对农业用水变化及其影响因素的研究较少；并且，随着社会经济和农业的发展，影响因素也会发生变化；同时，一些以数学模型、统计分析方法为基础进行定量计算的相关研究，对计算结果的定性分析又较为概略。因此，本研究旨在从定性和定量 2 个角度分析北京市 2000—2017 年近 18 年农业用水的变化趋势以及主要影响因素，并对各因素的变化规律及其产生影响的原因进行分析，最终提出优化北京市农业用水结构的建议与对策。

（二）研究目的和意义

　　用水结构是一个国家或地区农业用水、工业用水、生活用水以及生态环境用水量之间互相关联、互相依存的结合方式，包括比例关系等。合理的用水结构可以从整体上保证地区经济社会的持续、稳定、协调发展，产生良好的综合效益。用水量驱动因子系指会对用水量产生影响的因子。只有对用水结构的演变规律及驱动力进行分析探讨，才能解释水资源利用结构变化的缘由和内部特征，从而进一步了解和掌握水资源利用结构变化的复杂性。由于城市扩张、工业发展、人口膨胀以及农业结构的调整，北京市农业用水的影响因素会有不断变化，进而导致用水结构发生演变。要想准确地把握用水结构演变规律就亟须寻找影响用水量变化的各种驱动力因子。但是驱动因子可对水资源利用结构产生多方面影响，而且因子间的相互作用在不同区域、不同尺度、不同空间上又不尽相同。如驱动因子可直接对不同用水部门的用水比例产生影响，也可对多个用水部门产生双重甚至多重影响；可在不同区域同一驱动因子对用水结构产生影响，也可在同一区域不同驱动因子对用水结构产生影响等等。由此可知，区域用水结构演变规律及驱动因子分析是相当复杂的。农业用水结构的合理确定与科学预测是制定水资源发展利用规划的前提和基础，对于实现水资源的合理配置，乃至社会经济的协调发展均具有重要意义。

因此，为明确北京市2000—2017年农业用水结构演变概况及发展趋势，解析导致农业用水结构变化的影响因子，采取实地调研和文献调研等方法，分析北京市近18年来水资源现状以及农业用水分配布局，并运用定性调研与主成分定量分析方法，探寻北京市农业用水结构变化的主要驱动因子，在此基础上，提出北京市农业用水结构优化的建议和对策。该研究旨在为协调北京市水资源短缺和社会经济发展的矛盾，制定合理的"调转节"发展战略，促进产业结构调整、促进区域生态、节水农业发展，实现水资源可持续利用提供理论依据。

（三）国内外研究现状

1. 用水结构研究进展

国内外对用水结构的分配、发展趋势以及驱动力方面均有一定研究。国家用水主要分布在农业、工业、生活以及生态环境用水方面。近年来，关于用水结构变化的研究也逐渐受到重视。吴普特等指出新中国成立50年来，虽然我国农业用水比重一直过高，但随着我国经济建设的发展，逐年呈递减趋势，由1949年的97.1%，逐步下降到1980年的88.2%，1993年的78.0%，1997年的69.1%，1998年的69.3%和1999年的69.1%，基本上从1997年以后处于稳定状态。中国农业、工业、生活用水在1997—1999年基本维持在7：2：1的水平，其中，农业用水比重逐渐降低，工业和生活用水比重增加，2030年农业用水比重有可能降低到 60%。潘雄锋等比较了 1997 年、2000 年和 2003 年全国用水结构分配情况，提出一种成分数据的预测方法，用于分析饼图中每个份额随时间变化的状况，并结合灰色系统建模方法对我国 2005—2010 年的用水结构进行预测。王玉宝等采用 1949—2006 年农业用水资料分析了我国农业用水结构的演变历程，指出我国农业用水结构日趋合理，农业用水比重持续减少，农、林、牧、渔用水及粮、经、饲作物用水比例协调程度不断提高。据此，提出了注重农业用水结构优化的农业经济用水量概念。

相关学者除了对全国用水概况研究外，对于省市范围的分区域用水结构也有研究。张玲玲等在既定水资源供给下，以国民经济部门划分和用水主体划分相结合的方式，细化第一、二、三产业、生活和生态用水指标，建立了江苏省用水结构与产业结构、用水需求与经济社会发展指标互动反馈的系统动力学模型，动态模拟水资源供求变化和用水结构变化情况，提出了江苏省用水总量控制下用水结构调控方案和对策，为区域落实最严格水资源管理制度提供决策依据。吕翠美等以郑州市为例，将灰色系统关联度分析方法应用到用水结构变化的驱动力因子分析中，量化各驱动力因子的影响度，结果表明工业重复利用率、灌溉面积、城镇化水平是郑州市工业、农业、生活三大用水部门的主要驱动力因子，并针对各驱动因子提出了相应的节水措施，为郑州市水资源可持续利用及节水型社会建设提供参考依据。刘宝勤等分析了 1980—2000 年北京市用水结构变化趋势和驱动力。黄晶等运用水足迹的理论和方法计算评价了 1990—2005 年北京市水足迹及水资源利用的可持续性，在此基础上进一步分析了北京市农业用水结构的变化特征。

用水受自然因素、经济因素、产业结构、社会因素等诸多因素的影响，为了准确地把握用水量及分配情况，确定影响用水的主要驱动因子，定量分析各驱动因子对用水的影响就显得非常重要。目前，驱动因子识别的方法有很多种，如主成分分析法、因子分析法、相关分析法、灰色关联度分析法、回归分析法等。

2. 驱动因子研究进展

目前对用水量驱动因子的研究相对较少，但对于驱动因子的识别，国内外已有很多文献对其进行了研究。1997 年张明采用典型相关分析法对榆林地区土地利用结构的驱动因子进行了统计分析。1999 年王良建等运用主成分分析、多元线性回归分析和黑箱理论，对广西壮族自治区梧州市耕地面积变化的驱动因子进行了定量分析。潘代媛等采用典型相关分析法，分析了加拿大魁北克圣路安特地理格局演变和自然驱动力之间的相关关系。2000 年高志强等采用相关分析和偏相关分析法，对植被指数变化的驱动因子进行了分析。Ang 和 Liu 提出平均 Dicisia 分解法（LMDI），该法可以对各驱动因子的驱动效应进行测度，从而识别出主要的驱动因子。2003 年张秋菊等分别采用典型相关分析和逐步回归分析两种方法识别了景观格局演变驱动因子。2004 年孟凡德、王晓燕对北京市水资源承载力的变化趋势及其驱动力进行了研究，研究指出，人口和 GDP 是影响北京市水资源承载力变化的最主要驱动因子，并利用多元线性回归模型预测出了 2010 年和 2015 年北京市水资源的供需状况。2005 年赵晓霞应用主成分分析法对影响长春市建设循环型社会的 28 个驱动因子进行了分析，找出了制约长春市建设循环型社会的关键因素。魏东岚等在分析大连市水资源的状况、特点及其城市用水现状的基础上，从自然和人文两方面选取了 21 个驱动因子，首先通过相关分析筛选出与生活用水量相关关系较大的驱动因子，再对筛选出的因子与城市生活用水量进行逐步回归分析，最终选定人均日用水量、污水处理率、排水管长度和绿地覆盖率为大连市生活用水量变化的主要驱动因子，并据此对解决生活用水供需矛盾提出了建议。吴义锋等将粗糙集理论应用于水质污染因子及特性分析，通过建立污染因子评价粗糙集数学模型，客观地揭示了水体污染的主要因子，为水体污染控制提供了理论依据。徐磊等将因子分析和多元线性回归分析相结合，根据对武汉市耕地资源变化的规律与趋势，定量分析了武汉市耕地资源变化的驱动因子。

相关学者在用水结构与驱动力研究方面也有一些研究进展。2009 年孙才志等将因素分解法引入水资源领域，对辽宁省用水变化的驱动因子进行了测度，并计算评价出各驱动因子的贡献率，根据其大小识别出主要驱动因子。2013 年李晓惠等采用德尔菲法，对江苏省生产、生活、生态用水的关键影响因子进行了分析，运用因子分析法诊断出农业因子、经济发展因子、人口因子和生态因子为驱动用水需求的公共因子。鲍超等采用主辅模型的链接，优化仿真了内陆河流域用水结构与产业结构的关系。粟晓玲等分析影响关中地区用水结构长期演变的主要驱动力因子有人口因素、工农业总产值、城市化率、GDP 和耕地面积等社会经济因子。刘宝勤等和王雁林等分别对北京市和黄河流域陕西段的用水结构驱动力进行了定性分析。马黎华等应用信息熵和互信息法，研究导致石羊河流域用水结构演变的主要驱动力是社会经济因子。吕翠美等应用灰色关联分析法分析郑州市用水结构变化的驱动力是工业重复利用率、灌溉面积、城镇化水平；刘燕从信息熵的角度分析了关中地区的用水结构，指出关中地区用水结构发展趋于均衡和稳定。王红瑞等采用直接用水系数、完全用水系数、用水乘数、重复用水率等指标对行业用水结构的现状和变化进行了全面的分析和探讨，提出了相应的对策与建议。翟远征等通过对北京市近 30 年用水量及用水结构演变规律的研究，发现导致演变的影响因素是产业结构的变化和快速增长的人口数量。卞戈亚、孟小宇等利用协调度模型分别对河北省、陕西省等区域的用水与经济的协调度进行了研究分析。

然而，不同地区由于城市定位不同、社会人口、经济发展程度不同等原因，用水结构也有各自不同特点。同一地区由于城市功能定位的变化、结构的调整、发展方式的转变，也会导致用水结构的调整。虽然目前对于城市用水动态趋势的研究很多，但是，对于北京市 2000—2017 年近 18 年以来农业用水结构演变趋势及其农业用水影响因素的定量分析却比较缺乏，现有的对用水结构进行分析的文献也多局限于定性分析。

二、技术路线与研究方法

（一）技术路线

采取实地调研和公报、年鉴、统计资料、发表文献等文献调研方法，收集北京市地表水、地下水、供水量、用水量、种植业、养殖业、农村工副业、人畜饮水等数据信息，分析北京市 2000—2017 年近 18 年来水资源现状及变化趋势，从种植业、养殖业、林业、水产业等方面分析农业用水分配布局，并运用定性调研与主成分定量分析方法探寻北京市农业用水结构变化的主要驱动因子，最终提出北京市农业用水结构优化的建议与对策。

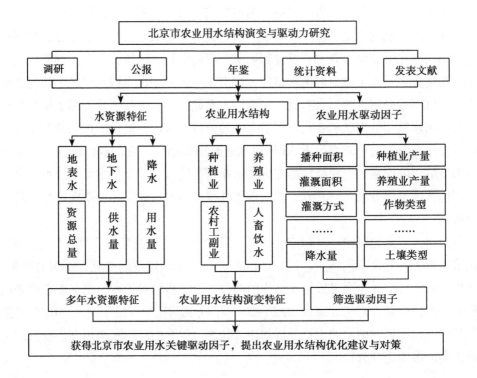

（二）研究方法

1. 数据来源

基于北京市水务局每年发布的《北京市水资源公报》以及《中国水利年鉴》，本研究对2000—2017年北京市地表水资源量、地下水资源量、再生水量、南水北调水量、水资源总量、人均水资源量、全市总用水量、总供水量、生活用水、环境用水、工业用水、农业用水等指标进行统计，分析北京市近18年来的供水和用水特征。

同时，基于《北京市统计年鉴》，对2000—2017年包括面积（耕地、播种面积、池塘面积等）、畜禽养殖数量（包括大牲畜、猪、羊、家禽等）、自然气候（降水量、平均气温和日照时数等）等影响北京市农业用水变化的各指标进行数据收集，统计主要影响因素，分析其变化规律及影响机制。

2. 分析方法

（1）分析方法的选取

本文采用实地调研与文献调研相结合的方法，分析北京市近18年来的供水、用水特征及农业用水结构演变趋势，并采用定性分析与主成分定量分析相结合的方法，探讨了北京市农业用水结构的驱动因子及主要影响因子的贡献率大小。

主成分分析法，又称主分量分析法，是将多个变量通过线性变换以选出较少个数重要变量的一种多元统计分析方法。它利用线性代数及有关知识，将原来多个具有一定相关性的指标重新组合成一组少数的新指标，并且这些新指标彼此互不相关，既避免了信息的交叉和重叠，又综合反映了原来多个指标的信息，是原来多个指标的线性组合。综合后的新指标称为原来指标的主成分或主分量，以主成分的累计方差贡献率超过一定的值（一般为85%以上）为原则确定主成分个数，对确定了的主成分可以根据专业知识和指标所反映的含义给予命名。

主成分分析是设法将原来的多项指标组合成一组互相无关的综合指标，同时，根据实际需要从中选取较少的综合指标，以尽可能多地反映原有指标的信息。主成分分析的另一重要作用在于消除自变量之间存在的多重共线性，即某一现象涉及多个影响因素时，多个影响因素之间大都有一定的相关性。当它们之间的相关性很弱时，则认为符合多元线性回归模型的基本假定；当变量间具有较强的相关性时，则认为不符合多元线性回归模型的基本假设。

根据主成分累计贡献率超过85%的原则，提取了各分析年份的主成分因子，并计算指标在各主成分因子荷载值，荷载值为负值，表示指标对主成分的作用为负向荷载。

（2）分析方法的步骤

主成分分析法的基本思想是应用降维的方法，将原有的较多的变量（X_1，$X_2 \cdots X_m$）用较少的变量（F_1，$F_2 \cdots Fp$）来替换，即 F 可用 X 线性表示。即：

$$F_1 = a_{11}X_1 + a_{12}X_2 + \cdots + a_{1m}X_m$$
$$F_2 = a_{21}X_1 + a_{22}X_2 + \cdots + a_{2m}X_m$$
$$\cdots\cdots$$

$$F_p = a_{p1}X_1 + a_{p2}X_2 + \cdots + a_{pm}X_m$$

每一个主成分所提取的信息量可用其方差来度量，其方差 Var 越大，表示其包含的信息越多。F_1 为第一主成分，为 X_1，$X_2 \cdots X_m$ 所有线性组合中方差最大的。若第一主成分不足以代表原来 m 个指标的信息，再考虑选取第二个主成分指标 F_2，为有效地反映原信息，F_2 中不再包含 F_1 中已有的信息，即二者要保持独立不相关，也就是说两者的协方差为零。以此类推构造出第 p 个主成分。主成分分析法的具体步骤如下。

设 m 个驱动因子的 n 年观测数据矩阵为：

$$X = \begin{bmatrix} x_{11} & x_{12} & \cdots & x_{1m} \\ x_{21} & x_{22} & \cdots & x_{2m} \\ & & & \\ x_{n1} & x_{n2} & \cdots & x_{nm} \end{bmatrix}$$

应用主成分分析法的具体步骤如下：

①数据标准化

$$x'_{ij} = \frac{x_{ij} - \overline{x_j}}{S_j}$$

式中，ij 为第 j 个驱动因子第 i 年数据标准化以后的值；x_{ij} 为第 j 个驱动因子第 i 年数据的观测值；

$\overline{x_j}$ 为第 j 个驱动因子的算术平均值，$\overline{x_j} = \frac{1}{n}\sum_{i=1}^{n} x_{ij}$；

S_j 为第 j 个驱动因子的标注差，$S_j = \sqrt{\frac{1}{n-1}\sum_{i=1}^{n}(x_{ij} - \overline{x_j})^2}$。

标准化后的数据均值为 0，方差为 1，消除了量纲的影响。

②计算相关矩阵

标准化处理后的数据取得的样本协方差即为样本的相关矩阵，可将标准化后的矩阵仍记为 $X = (x_{ij})_{m \times m}$。则相关系数矩阵 R 为

$$R = (r_{ij})_{m \times m} \quad (i = 1, 2, 3 \cdots m; \ j = 1, 2, 3 \cdots m)$$

$$r_{ij} = \frac{\sum_{k=1}^{n} (x_{ki} - \overline{x_i})(x_{kj} - \overline{x_j})}{\sqrt{\sum_{k=1}^{n} (x_{ki} - \overline{x_i})^2 \sum_{k=1}^{n} (x_{kj} - \overline{x_j})^2}}$$

③求特征值和特征向量

求解特征方程：

$$|R - \lambda_i| = 0$$

式中，λ_i（$i = 1$，2，3…m）为特征值，且有 $\lambda_1 > \lambda_2 > \cdots > \lambda_m$。

通过求解特征方程可得 m 个特征值和与之对应的特征向量：$Q_i = (a_{i1}, a_{i2} \cdots a_{im})$。

④求成分表达式

根据求得的 m 个特征向量，m 个成分分别为：

$$F_1 = a_{11}X_1 + a_{12}X_2 + \cdots + a_{1m}X_m$$
$$F_2 = a_{21}X_1 + a_{22}X_2 + \cdots + a_{2m}X_m$$
$$\cdots\cdots$$
$$F_m = a_{m1}X_1 + a_{m2}X_2 + \cdots + a_{mm}X_m$$

式中，F_1，$F_2 \cdots F_m$ 为 X 的协方差阵的 m 个特征值，a_{i1}，$a_{i2} \cdots a_{im}$（$i = 1$，2 … m）为 m 个特征值对应的特征向量，X_1，$X_2 \cdots X_m$ 是原始数据经标准化处理后的值。

F_1，$F_2 \cdots F_m$ 相互正交且他们各自的方差分别等于对应的特征值 λ，显然，各成分的方差是逐次递减的。

⑤方差累计贡献率

第 k 个主成分的贡献率 b_k 为：

$$b_k = \frac{\lambda_k}{\sum_{i=1}^{n} \lambda_i}$$

前 k 个主成分的累计贡献率 B_k 为：

$$B_k = \frac{\sum_{i=1}^{k} \lambda_i}{\sum_{i=1}^{m} \lambda_i}$$

当前 k 个成分的累计贡献率大于 0.85 时，认为这 k 个成分保留了原来指标 85% 以上的信息，可用这 k 个成分来代替原始数据进行分析，这 k 个成分就是要提取的主成分。

⑥计算原始变量得分

第 k 个原始变量 X_k 的得分 c_k 为：

$$c_k = \sum_{i=1}^{k} b_i \times a_{ij} \qquad (k, \ j=1, \ 2, \ \cdots, \ m)$$

根据各原始变量的得分值可分析判断影响用水的主要驱动因子。

三、北京市农业用水结构变化

根据前述农业内部各行业的用水量估算结果，进而分析农业用水结构及其变化趋势。

从农业用水结构来看，种植业所占比重最大，2000—2017 年平均占农业用水的 77.79%，其次是畜牧业用水比重，占农业用水的 8.31%；林业用水比重为 7.35%；渔业用水比重为 6.57%。但总体来看，种植业用水比重在下降，林业、畜牧业、渔业的用水比重在上升。2011—2017 年种植业用水平均比重（73.76%）比 2000—2010 年平均比重（80.36%）下降了 6.6 个百分点；2011—2017 年的林业用水平均比重（9.32%）比 2000—2010 年的平均比重（6.09%）则上升了 3.23 个百分点；畜牧业和渔业用水比重分别上升了 1.97 个百分点和 1.41 个百分点（表 2-1，图 2-1）。

表 2-1　2000—2017 年北京市农业用水结构变化　　　　　（单位:%）

年份	种植业	林业	畜牧业	渔业
2000	85.33	3.43	5.37	5.93
2001	80.92	6.32	6.32	6.44
2002	76.44	9.77	7.44	6.41
2003	73.12	10.80	8.62	7.39
2004	76.17	8.18	9.10	6.56
2005	80.19	4.81	8.77	6.23

（续表）

年份	种植业	林业	畜牧业	渔业
2006	83.70	4.84	6.42	5.04
2007	83.29	4.32	7.64	4.75
2008	82.92	4.03	7.49	5.55
2009	80.86	5.43	7.79	5.92
2010	80.99	5.11	7.94	5.96
2011	79.60	6.41	8.01	5.98
2012	74.26	9.75	9.13	6.86
2013	74.15	10.07	8.95	6.83
2014	74.02	9.33	9.60	7.04
2015	72.46	8.62	10.77	8.15
2016	71.80	9.51	10.33	8.36
2017	70.00	11.57	9.80	8.82
2000—2010 年平均	80.36	6.09	7.54	6.02
2011—2017 年平均	73.76	9.32	9.51	7.43

四、北京市农业用水结构驱动力分析

（一）驱动力指标选取

1. 指标选取原则

（1）科学性原则

所选的驱动因子应该建立在科学的基础上，因子应能够客观、真实地反映各用水部门的内涵，其本身应与用水量的变化存在逻辑上的相关性，这种相关性应可在理论上进行科学合理的解释；因子本身应该具有普遍性和长期性，并应符合研究的一般原则或习惯，即因子本身在理论和实践中要具有可接受性。

（2）代表性原则

与用水相关的各类因子种类繁多，许多因子之间具有很强的相关性，因此，

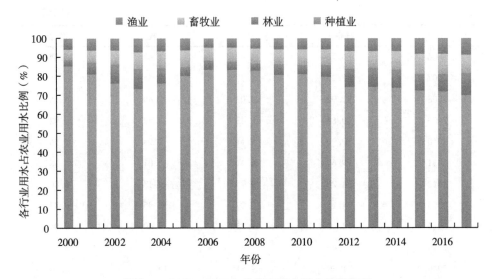

图 2-1　2000—2017 年北京市农业用水结构变化

选择驱动因子时应注意选取具有代表性的因子，即某一因子应该在既往的研究中被证明与其所代表的因素具有紧密的相关性，在理论上也能够很好地代表某一类因素对用水量的影响。

（3）可操作性原则

因子本身既有定性因子，也有定量因子，选择驱动因子时应注意，所选的因子应当简单、易于解释且能定量表达。同时，必须考虑选取的因子的资料、数据是否可获取，且获取的资料是否被认可或可公开使用，这也是定量化研究可操作的基础。

（4）动态性原则

用水量研究考虑的是一个由自然、社会和用水组成的变化系统，因此，所选的驱动因子也应能够及时更新，显示用水随时间变化的趋势。

2. 选取驱动力指标

在用水结构的演变过程中，社会经济因素、人口因素、自然因素等都将成为影响用水结构变化的制约因素。水资源的利用在自然和人为的双重影响下进行，因此，用水结构就会受到自然和人的双重驱动。在短时间内，社会经济因素是影响用水结构变化的主要驱动力，而驱动因子的选择是分析的前提，驱动模型是分析的关键。在社会经济系统中将驱动力主要概括为人口变化、经济发展、政治政策、技术改变和人们的价值观念等；在自然系统中主要的驱动力类型有温度、气候、降水、水文等重要的驱动因子。因为人为驱动因子具有社会属性，影响因子相对比较活跃，人们的各种社会活动在短时间内可对用水结构的变化造成影响，改变和破坏水资源系统原有的用水结构方式。所以，分析社会经济因子更为关键和重要。而自然驱动力因子具有持续累积的效应，因此，在比较短的时间范畴内不会有很大的变动，相对比较稳定。科学技术的进步尤其是节水技术的发展对于农业用水结构也产生着重要影响，如有效灌溉面积、节水灌溉面积、农业万元产值用水量等指标均可一定程度上表征农业用水的变化。

上述阐述中说明用水结构的演变与社会经济发展有直接影响，用水结构在一定程度上受用水效益的驱使，演化具有趋利性，由产出低的产业流向产出高的产业。涉及具体的因素指标则错综复杂，如人口、经济、社会和技术及其之间的内在联系等。分析用水结构演化驱动力时，选择的影响指标应该全面，但是指标过多会加大分析难度，并且指标间具有相关性。

因素的选择主要依据数据的可获取性和可定量性。农业作为北京市用水大户，其地位举足轻重。农业用水主要包括灌溉用水和林牧渔业用水两部分，其中灌溉用水占农业用水的90%以上，与耕地面积变化、节水技术、作物结构等因素密切相关。

结合北京市农业用水结构的演变情况，初步选取乡村人口总数、耕地面积、播种面积、有效灌溉面积、粮食总产量、畜禽水产养殖、GDP、农、林、牧、渔业生产总值、种植比重、节水灌溉面积、农业万元产值用水量、林牧渔业总产值、林牧渔业单位产值用水量、灌溉用水定额、农村用电量、城镇化水平、农村人均纯收入、年降水量和气温等可能的驱动力指标进行分析研究。其中，种植比重＝农业总产值与第一产业产值之比，体现了区域产业结构的变化。

城镇化过程是农业人口转化为非农业人口、农业活动转化为非农业活动的过程，体现了人口向城市聚集。城镇化水平（城镇化率）主要反映了在城镇化和工业化的进程中城镇人口比例的变化，表征着区域人口结构的改变。

（二）北京市农业用水结构驱动力定性分析

以下先从定性角度进行农业用水结构影响因素分析。

1. 播种面积

面积因素是导致农业用水的重要因素。农业用水量的变化，归因于近年来耕地面积、播种面积的减少。

本研究汇总了近 18 年的耕地面积、农作物播种面积如下。经分析结果显示，北京市农作物播种面积从 2000 年的 45.4 万 hm^2 降低到 2017 年的 12.6 万 hm^2，减少了 2/3。粮食作物的播种面积由 2000 年的 30.8 万 hm^2 降低到 2017 年的 6.7 万 hm^2，是导致播种面积减少的重要因素。在粮食作物中，玉米和小麦的播种面积在 2000 年基本相当，之后玉米播种面积在 2004 年之前呈现下降趋势，2004 年之后又逐渐恢复上涨趋势，在 2010 年达到最大面积，为 15.0 万 hm^2，随后呈现逐年调减趋势，但是远远高于小麦播种面积。小麦的播种面积 2004 年以前也一直呈现逐年下降趋势，之后有所回调；但是 2010 年以后又逐年降低，到 2017 年保有量仅有 1.1 万 hm^2。这可能与玉米多是雨养种植，小麦高耗水特性有关。2017 年北京市蔬菜和食用菌的播种面积也不到 2000 年的 50%，油料作物和饲料面积更是快速下降，到 2017 年播种面积仅为 0.2 万 hm^2 和 0.3 万 hm^2，瓜类和草莓基本也逐年下降，2017 年播种面积仅为 2000 年的一半，造林面积呈现先增长后降低趋势。

以上主要种植作物播种面积产生变化的重要原因是北京市农业种植结构的调整，进而也成为影响农业用水的重要因素（表 2-2）。

表 2-2 2000—2017 年北京市主要农作物播种面积 （单位：万公顷）

年份	农作物播种面积	粮食作物	玉米	小麦	油料	蔬菜及食用菌	瓜类及草莓	饲料	造林面积	年末实有耕地面积
2000	45.4	30.8	13.6	12.2	1.5	10.4	0.8	1.2	2.6	32.9
2001	38.0	21.4	10.0	7.3	1.4	11.3	0.9	1.9	3.2	29.2
2002	33.5	16.9	8.7	4.7	1.6	11.5	0.9	1.8	4.8	27.5
2003	30.1	14.1	7.5	3.6	1.4	10.8	0.9	1.9	4.7	26.0
2004	30.4	15.4	9.4	3.9	1.1	9.1	0.8	2.8	3.2	23.6

（续表）

年份	农作物播种面积	粮食作物	玉米	小麦	油料	蔬菜及食用菌	瓜类及草莓	饲料	造林面积	年末实有耕地面积
2005	30.8	19.2	12.0	5.3	0.9	7.9	0.8	1.5	1.2	23.3
2006	32.0	22.0	13.6	6.3	0.7	7.1	0.9	0.6	1.3	23.3
2007	29.5	19.7	13.9	4.1	0.7	7.0	0.4	0.4	1.1	23.2
2008	32.2	22.6	14.6	6.4	0.7	6.8	0.8	0.4	0.9	23.2
2009	32.0	22.6	15.1	6.1	0.6	6.8	0.8	0.4	1.8	22.7
2010	31.7	22.3	15.0	6.2	0.5	6.8	0.8	0.5	1.4	22.4
2011	30.3	20.9	14.1	5.8	0.5	6.7	0.8	0.5	2.1	22.2
2012	28.3	19.4	13.2	5.2	0.5	6.4	0.8	0.3	3.6	22.1
2013	24.2	15.9	11.4	3.6	0.3	6.2	0.7	0.2	4.4	22.1
2014	20	12	8.9	2.4	0.3	5.7	0.6	0.3	2.3	21.99
2015	17.7	10.4	7.6	2.1	0.2	5.4	0.5	0.3	0.8	21.9
2016	15.1	8.7	6.5	1.6	0.2	4.7	0.4	0.3	1.0	21.9
2017	12.6	6.7	5.0	1.1	0.2	4.2	0.4	0.3	0.9	21.6

2. 农作物种植结构变化

种植业用水在农业用水中占到 75% 以上，北京市主要种植作物为玉米和小麦，其种植结构比例对北京市农业用水总量有重要影响。2000—2003 年，蔬菜、造林、饲料种植比例增长幅度较大，小麦和玉米减幅明显。2003 年以后，灌水偏少的玉米种植比例大幅度增加，占比基本保持在 45% 以上。蔬菜种植比例在 2003—2008 年也呈降低趋势，2008 年以后种植比例平稳，并逐年上升。尤其是 2013 年和 2014 年上升幅度最大。灌水较多的小麦在 2003—2006 年种植比例呈现增加趋势，2007 年处于低谷之后恢复到近 20% 比例，但之后呈现逐年降低趋势。这种变化反映了农业种植结构对国家政策的响应，同时，也影响着农业用水结构（图 2-2）。

3. 耕地主要类型分布

北京市耕地总面积出现了减少趋势，尤其是 2000 年以后耕地总面积显著减少。2017 年年底耕地面积比 2000 年减少了 11.3 万 hm^2。耕地面积减少主要有两

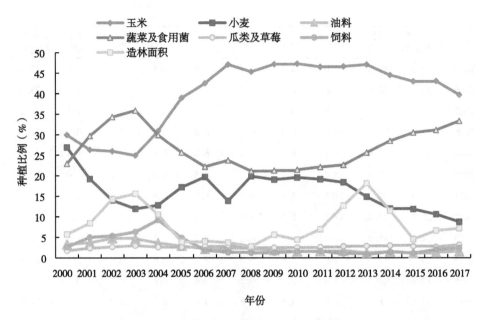

图 2-2 2000—2017 年北京市农作物种植结构变化

方面原因。一是北京市大力推行生态保护工程，退耕还林还草，使得林地和牧草地的面积有所增加。二是北京市人口的增加，城市化进程的加快，许多原有耕地被调整为建筑、娱乐、交通用地等。水田、旱地与水浇地面积显著下降，尤其是高耗水的水田，下降尤为显著，由 2000 年的 29 168 hm² 下降为 2017 年的 1 850hm²，仅为2000 年的 6.34%，说明北京市耕地类型由高耗水型向低耗水型转变（表2-3）。

表 2-3 2000—2017 年北京市耕地主要类型分布

年份	耕地总面积（万 hm²）	水田（万 hm²）	水浇地（万 hm²）
2000	32.9	2.9168	24.13
2001	29.2	2.0430	21.48
2002	27.5	0.4538	19.49
2003	26.0	0.7952	18.25
2004	23.6	0.8041	16.32

（续表）

年份	耕地总面积（万 hm²）	水田（万 hm²）	水浇地（万 hm²）
2005	23.3	0.7688	16.12
2006	23.3	0.7331	15.94
2007	23.2	0.7050	15.80
2008	23.2	0.6870	15.70
2009	22.7	0.2240	17.20
2010	22.4	0.2208	16.92
2011	22.2	0.2155	16.77
2012	22.1	0.2121	16.66
2013	22.1	0.2060	16.72
2014	22.0	0.1993	16.63
2015	21.9	0.1970	16.59
2016	21.9	0.1900	16.50
2017	21.6	0.1850	16.00

注：2016 年、2017 年水田和水浇地面积为估算值

4. 节水技术因素

科学技术的发展水平和应用程度将直接影响人类对水资源开发利用的广度和深度，进而改变用水结构格局。农业节水技术在北京市广泛应用，节水效果显著，基本消除了大水漫灌的灌溉方式。

节水技术的高低与先进程度、应用程度直接影响着用水量以及用水效率的高低。提高用水效率可有效减少用水量。农业用水量的变化，也与近年来有效灌溉面积的减小及高效节水灌溉面积的逐年增加有关。有效灌溉面积、节水灌溉面积、农村用电量和农业万元产值用水量直接代表了或者间接反映了农业节水技术的程度。

21 世纪以来，北京市大力推行节水技术，并广泛应用于农业灌溉上，2000—2004 年年均节水灌溉面积比重均在 80% 以上。有效灌溉面积是指灌溉工程设施基本配套，有一定水源、土地较平整，一般年景下当年可进行正常灌溉的耕地面积。有效灌溉面积对于保障粮食生产和农产品安全具有重要意义。2000

年北京市有效灌溉面积为 32.27 万 hm^2，在 2002 年就迅速减少为 21.97 万 hm^2，减少了 31.9%。之后仍然以每年数万公顷的速度在降低，到 2017 年降低为 11.55 万 hm^2。有效灌溉面积减少的原因是多方面。根据水利部门长期的调查统计，主要原因有：工程设施损坏报废、机井报废、长期无水、建设占地、退耕（还林、还草、还湖等）及其他原因。有效灌溉面积减少对农业用水的影响有 2 种情况：一种情况是有效灌溉耕地转为旱作耕地；另一种情况是有效灌溉耕地转为非耕地，均可导致农业用水量的降低。

农村用电量包括农村发展、农业生产（含排灌）、农村居民生活用电量，一定程度上表征着灌溉水用量的多少。从近 18 年农村用电量来看，2000 年农村用电量为 57.2 亿 kW/时，2002—2010 年稳定在 38.39 亿~44.38 亿 kW/时。2011 年以来，用电量逐年增加，到 2017 年增长为 61.51 亿 kW/时，比 2010 年增加了 1.71 亿 kW/时。

发展滴灌、喷灌等节水灌溉技术，大大降低了农业用水总量，提高了水资源的利用效率。节水灌溉面积一定程度上也影响着农业用水量的高低。有数据显示，2000 年北京市的农业节水灌溉面积为 27.27 万 hm^2，并且每年都在逐年上升，到 2006 年，节水灌溉面积达到 32.09 万 hm^2。随着有效灌溉面积的减少，北京市节水灌溉面积也逐年减少，2017 年为 20.07 万 hm^2。但与 2000 年相比，节水灌溉面积占有效灌溉面积的比重却由 8.45% 提高至 17.38%，增长了 8.93 个百分点（表 2-4）。

农业万元产值用水量一定程度上表征着农业节水技术和农业用水效率的变化。从统计数据可以看出，2000 年时北京市农业万元产值用水量为 103.71m^3，之后逐渐降低，到 2017 年为 25.22m^3，仅为 2000 年时的 24.32%，说明农业节水技术和用水效率有了大幅度提升，影响着农业用水量和用水结构的变化。

表 2-4　2000—2017 年北京市节水技术相关指标变化

年份	有效灌溉面积 （千 hm^2）	农村用电量 （万 kW/时）	节水灌溉面积 （万 hm^2）	农业万元产值用水量 （m^3/万元）
2000	322.7	572 257	27.27	103.71
2001	322.7	619 806	27.38	86.05
2002	219.7	414 248	29.65	76.66

（续表）

年份	有效灌溉面积 （千 hm²）	农村用电量 （万 kW/时）	节水灌溉面积 （万 hm²）	农业万元产值用水量 （m³/万元）
2003	178.9	427 266	31.11	68.25
2004	186.7	383 954	30.14	66.77
2005	181.5	421 680	30.92	65.28
2006	181.5	416 459	32.09	63.30
2007	173.6	411 238	30.53	61.33
2008	171.8	427 377	28.66	59.35
2009	165.2	439 099	27.66	59.35
2010	162.6	443 774	28.58	56.38
2011	163.1	454 009	28.58	53.93
2012	159.2	473 121	20.33	46.03
2013	154.4	485 320	20.36	44.94
2014	158.3	505 600	20.50	40.55
2015	137.4	516 705	20.63	31.91
2016	128.5	547 099	19.50	30.17
2017	115.5	615 078	20.07	25.22

5. 产量因素

产量与农业灌水量的大小密切相关，农产品品类和产量的大小一定程度上影响着用水结构。已有研究显示，农业耗水与地下水开采量、地下水埋深、粮食产量之间关系密切，每生产 1t 粮食所消耗的水资源量约 1 224.4m³（包括地下水 597.1m³）。另有文献表明，粮食产量的增加仍然依靠农业用水量的增长而获得。因此，粮食产量对于农业用水结构具有重要影响（表2-5）。

表 2-5　2000—2017 年北京市主要农产品产量　　　　（单位：万 t）

年份	粮食	油料	蔬菜及 食用菌	干鲜 果品	牛奶	肉类	猪牛 羊肉	畜禽 产量	水产品
2000	144.2	3.8	466.3	66.0	30.3	50.5	30.9	16.0	7.5
2001	104.9	4.3	491.0	71.9	42.9	55.9	33.0	15.6	7.4
2002	82.3	4.6	507.4	78.7	55.1	60.9	35.2	15.2	7.4
2003	58.0	3.3	486.7	84.1	63.3	60.6	35.2	16.2	7.1
2004	70.2	2.9	444.1	90.9	70.0	57.4	34.0	15.9	6.7

（续表）

年份	粮食	油料	蔬菜及食用菌	干鲜果品	牛奶	肉类	猪牛羊肉	畜禽产量	水产品
2005	94.9	2.5	373.1	93.9	64.2	53.3	31.7	16.0	6.4
2006	109.2	2.2	341.2	88.7	61.9	45.3	26.9	15.2	5.4
2007	102.1	2.2	340.1	91.1	62.2	47.9	27.1	15.6	6.0
2008	125.5	2.2	321.3	89.8	66.4	45.1	25.9	15.2	6.1
2009	124.8	1.8	317.1	90.3	67.4	47.2	27.6	15.4	5.8
2010	115.7	1.6	303.0	85.4	64.1	46.3	27.5	15.1	6.3
2011	121.8	1.4	296.9	87.8	64.0	44.4	27.6	15.1	6.1
2012	113.8	1.3	279.9	84.3	65.1	43.2	27.3	15.2	6.4
2013	96.1	1.0	266.9	79.5	61.5	41.8	27.9	17.5	6.4
2014	63.9	0.7	236.2	74.5	59.5	39.3	26.9	19.7	6.8
2015	62.6	0.6	205.1	71.4	57.2	36.4	25.2	19.6	6.6
2016	53.7	0.6	183.6	66.1	45.7	30.4	24.4	18.3	5.4
2017	41.1	0.5	156.8	61.1	37.4	26.4	21.7	15.7	4.5

从北京市主要农产品产量统计结果可以看出，2000—2017 年粮食产量呈现先降低后增加，之后又迅速降低的发展动态，即在 2003 年以前，粮食产量逐年降低，之后到 2008 年，又逐渐增加，2009—2012 年相对平稳之后，呈现快速降低趋势，这可能与北京市的"调转节"政策的实施有关。近 18 年间，油料作物产量逐年减少，几乎被完全挤占。蔬菜及食用菌产量在前 3 年逐渐增加，之后一直呈现降低趋势。干鲜果品产量在 2010 年以前，整体呈现逐年上升并趋于平稳趋势（保持在 90 万 t 左右），2010 年之后，又呈现缓慢减少趋势。畜禽产量在 2012 年以前整体平稳，近几年出现波动并逐渐减少。

以上粮食产量、蔬菜及食用菌产量、干鲜果产量以及畜禽产量的变化，直接影响着农业用水量的变化及用水结构的组成。面对生产、生活的巨大需求，亟须在种植业、养殖业开展节水技术的研发、推广与应用，促进水资源的合理有效利用，提高农业用水效率。

6. 经济因素

经济的快速发展对水资源的利用也有很大影响。人均地区生产总值是指一定时期内按平均常住人口计算的地区生产总值。人均地区生产总值标志着地区经济的发展程度，农村人均收入影响着人们对农业生产设施投入的积极性，甚至农业结构的调整。因此，两者均会对农业用水量及用水分配产生影响。一方面，经济收入的增加会对产业结构产生影响，导致用水需求的变化；另一方面，也会对水资源的高效开发利用提供技术和资金支持。产业水平越高，经济增长就越快；经济增长，人们对资金和技术的投入也会优化产业结构（表2-6）。

表2-6　2000—2017年北京市人均 GDP 及城镇、农村人均纯收入

年份	人均地区生产总值 （元/人）	城镇人均家庭收入 （元）	农村人均纯收入 （元）
2000	24 127	12 560	4 687
2001	26 980	13 769	5 274
2002	30 730	13 253	5 880
2003	34 777	14 959	6 496
2004	40 916	17 116	7 172
2005	45 993	19 533	7 860
2006	51 722	22 417	8 620
2007	60 096	24 576	9 559
2008	64 491	27 678	10 747
2009	66 940	30 674	11 986
2010	73 856	33 360	13 262
2011	81 658	37 124	14 736
2012	87 475	41 103	16 476
2013	94 648	45 274	18 337
2014	99 995	49 730	20 226
2015	109 603	52 859	20 569
2016	118 198	57 275	22 310
2017	129 000	62 406	24 240

7. 社会因素

人口是社会经济因素中最主要的因素，也是最具活力的农业用水变化的驱动

力。城镇化带来了农村人口变化，也对农业用水产生影响。主要可分为 2 个方面，一是卫星城和乡镇大量兴建及旅游度假村增加，将使农村生活用水量大幅增长，加上农村乡镇企业发展，使原来供给农业用水的水源转化为非农业用水，发生"农转非"现象；二是城市扩张以及各项建设占地，造成耕地及其灌溉面积缩减，一定程度地减少了农业用水量（表 2-7）。

表 2-7　2000—2017 年北京市人口数量　　　　　　（单位：万人）

年份	乡村人口	城镇人口	常住人口
2000	306.2	1 057.4	1 363.6
2001	303.9	1 081.2	1 385.1
2002	305.2	1 118.0	1 423.2
2003	305.1	2 251.3	1 456.4
2004	305.5	1 187.2	1 492.7
2005	251.9	1 286.1	1 538.0
2006	250.8	1 350.2	1 601.0
2007	259.8	1 416.2	1 676.0
2008	267.4	1 503.6	1 771.0
2009	278.9	1 581.1	1 860.0
2010	275.5	1 686.4	1 961.9
2011	277.9	1 740.7	2 018.6
2012	285.6	1 783.7	2 069.3
2013	289.7	1 825.1	2 114.8
2014	292.6	1 859.0	2 151.6
2015	292.8	1 877.7	2 170.5
2016	293.3	1 879.6	2 172.9
2017	294.1	1 876.6	2 170.7

8. 产业结构

农业产业结构的调整包括农村经济和农业生产等结构调整。农村经济结构是指一、二、三产业的数量比（体现在生产总值上），农业生产结构是指大农业内部各部分之间的数量比,如农牧比、粮经比等(体现在播种面积上)。由于三类产业以及农业内部各产业之间用水量差别很大,农业产业结构的调整必然导致农业用水的变化。

据统计,2000年北京市GDP为3 161.7亿元,2017年为28 000.4亿元,是2000年的8.86倍。北京市第一产业生产总值(一产增加值、一产GDP或农业GDP)2000年为77.3亿元,每年逐步增加,到2014年为159.0亿元,是2000年的2倍。但近3年,一产增加值逐年减少,2017年仅为120.5亿元。农业GDP在全市GDP中所占比重也逐年下降。2000年农业GDP占全市GDP的2.44%,到2017年降至0.43%。第一产业生产总值的变化对农业用水也会产生影响(表2-8)。

表2-8 2000—2017年北京市地区生产总值与农业增加值

年份	地区生产总值 (亿元)	农业增加值 (亿元)	农业GDP比重 (%)
2000	3 161.7	77.3	2.44
2001	3 708.0	78.6	2.12
2002	4 315.0	80.5	1.87
2003	5 007.2	81.8	1.63
2004	6 033.2	85.3	1.41
2005	6 969.5	86.2	1.24
2006	8 117.8	85.4	1.05
2007	9 846.8	99.4	1.01
2008	11 115.0	111.4	1.00
2009	12 153.0	116.8	0.96
2010	14 113.6	122.7	0.87
2011	16 251.9	134.4	0.83
2012	17 879.4	148.1	0.83
2013	19 800.8	159.6	0.81
2014	21 330.8	159.0	0.75
2015	22 968.6	140.2	0.61
2016	24 899.3	129.6	0.52
2017	28 000.4	120.5	0.43

农林牧渔业产值（亿元）以及产值构成情况影响农业用水量及用水分配。农业总产值构成中，农、林、牧、渔和服务业均呈现上升趋势，但是比重表现各有不同。在 2000 年，农业生产总值占农林牧渔业生产总值的 46.7%，即接近 50% 的农林牧渔业生产总值来自于农业生产。到 2014 年，该比例降低为 36.9%，减少了近 10 个百分点，2017 年该比例又提升至 42.10%。林业生产总值比重由 2000 年的 2.76% 上升到 2014 年的 21.59%，上升速度最快，之后下降，2017 年林业生产总值为 58.8 亿元，占农林牧渔业生产总值的 19.07%。牧业生产总值比重由 2000 年的 46.39% 下降到 2017 年的 32.89%，降低了 13.5 个百分点。渔业生产总值比重由 4.14% 降低为 3.11%，而农林牧渔服务业比重由 2003 年 3.52% 下降到 2009 年的 1.8%，随后占比开始逐年增长，2017 年占比提高至 2.82%（表 2-9）。

表 2-9　2000—2017 年农林牧渔业总产值以及产值构成情况　　（单位：亿元）

年份	农林牧渔业总产值	农业	林业	牧业	渔业	农林牧渔服务业
2000	188.6	88.1	5.2	87.5	7.8	—
2001	202.2	84.7	9.0	99.3	9.2	—
2002	213.5	83.5	11.9	108.6	9.5	—
2003	224.7	80.9	12.3	114.3	9.3	7.9
2004	234.9	83.1	11.4	124.3	8.9	7.2
2005	239.3	91.0	12.4	120.8	8.7	6.4
2006	240.2	104.5	14.8	105.1	9.8	6.0
2007	272.3	115.5	17.8	122.4	10.1	6.5
2008	303.9	128.1	20.5	140.5	9.8	5.0
2009	315.0	146.1	17.2	136.1	10.3	5.3
2010	328.0	154.2	16.8	139.6	11.5	5.9
2011	363.1	163.4	18.9	162.7	11.5	6.6
2012	395.7	166.3	54.8	154.2	13.0	7.5
2013	421.8	170.4	75.9	154.8	12.8	8.0
2014	420.1	155.1	90.7	152.7	13.2	8.4
2015	368.2	154.5	57.3	135.9	11.9	8.7

（续表）

年份	农林牧渔业总产值	农业	林业	牧业	渔业	农林牧渔服务业
2016	338.1	145.2	52.2	122.7	9.2	8.74
2017	308.3	129.8	58.8	101.4	9.6	8.68

9. 气候因素

气候变化已成为影响农业用水的一个重要因素，主要表现为对灌溉用水量的影响。在水资源方面，与用水结构有关的自然系统驱动因子主要包括气温、降雨、水文地质条件、光照时数等。有研究显示，降水量的减少、气候增温均会引起农田灌溉用水量的增加。在一些地区，当气温升高 1℃，降水增加 3% 时，灌溉用水量将增加 2.7%。从北京市近 18 年的降水量来看，整体处于降水偏少状态，年均气温也呈现上升趋势，干旱的气候引起作物需水量增加，进而导致农田灌水量增加（表 2-10）。

表 2-10　2000—2017 年北京市降水量、年均温及日照时数变化

年份	降水量（mm）	年均温（℃）	日照时数
2000	371.1	12.8	2 667.2
2001	338.9	12.9	2 611.7
2002	370.4	13.2	2 588.4
2003	444.9	12.9	2 260.2
2004	483.5	13.5	2 515.4
2005	410.7	13.2	2 576.1
2006	318.0	13.4	2 192.7
2007	483.9	14.0	2 351.1
2008	626.3	13.4	2 391.4
2009	480.6	13.3	2 511.8
2010	522.5	12.6	2 382.9
2011	720.6	13.4	2 485.7
2012	733.2	12.9	2 450.2

（续表）

年份	降水量（mm）	年均温（℃）	日照时数
2013	578.9	12.8	2 371.1
2014	461.5	14.1	2 344.1
2015	458.6	13.7	2 420.2
2016	669.1	13.8	2 502.1
2017	620.6	12.6	2 568.7

10. 制度与政策因素

水资源的开发利用是在一定的文化背景下产生。因此，水文化和制度对水资源开发利用具有一定的约束和限制。开发利用水资源，要从水资源国情出发，切实做到合理开发利用。由于人们在水资源利用过程中所表现的各种非持续利用行为无法通过其他形式得到有效解决，因此，一个包括诸如最严格水资源管理制度等政策制度体系的建立具有很大的作用。任何形式的水资源开发利用都应满足《中华人民共和国水法》的条件。国务院发展计划主管部门和国务院水行政主管部门负责全国水资源的宏观调配。全国的和跨省、自治区、直辖市的水中长期供求规划，均由国务院水行政主管部门会同有关部门制订，经国务院发展计划主管部门审查批准后执行。

《北京市节约用水办法》自 2012 年 7 月 1 日起施行。该办法坚持经济社会发展与水环境状况和水资源承载能力相适应的用水方针，实行用水总量和用水效率控制，采取法律、行政、经济、工程、科技等措施，促进节约用水。推广节水新技术、新工艺、新设备，培育和发展节水产业。北京市也一直实行最严格的水资源管理制度，通过发展管灌、喷灌、微灌等工程措施，推广土地平整、秸秆还田、平衡施肥、化学保水剂、良种繁育、病虫害防治等农艺措施，实行科学灌溉、计划用水等管理措施，努力实现"农民增收、真实节水、水资源的可持续利用"三大目标。北京市节水办公室也一直采取主要行业用水定额管理，合理指导管控用水，做到节约用水。

2014 年 9 月，北京市发布《关于调结构转方式发展节水高效农业的意见》，总体目标是，到 2020 年，争取农业用新水从 2013 年的每年 7 亿 m³ 左右下降到 5

亿 m³ 左右，农业节水 2 亿 m³。提出要调整农业结构，小麦等高耗水作物逐渐退出，重点发展籽种田、旱作农田、生态景观田。菜田由 2013 年 59 万亩增加到 70 万亩，观光采摘果园占地 100 万亩，改造 50 万亩低效果园。畜牧水产业要控制新增规模，疏解现有总量，生猪年出栏量调减 1/3，稳定在 200 万头；肉禽年出栏量调减 1/4，稳定在 6 000 万只，奶牛存栏量稳定在 14 万头，蛋鸡存栏量稳定在 1 700 万只，水产养殖稳定在 5 万亩左右。推进农业节水，加强农业高效节水灌溉设施建设，推广农艺节水技术，加强农业用水管理，林地、绿地、农村生态环境用水以雨水、再生水为主。发展现代林业，预计增加森林资源 38 万亩以上。

据 2017 年 2 月资料显示，"调转节"以后生态效果显著，全市粮田面积由 2013 年的 176 万亩调减到 110 万亩，完成"调转节"计划任务的 69%。其中，高耗水作物小麦同比减少了 20 万亩，推广节水抗旱品种 50 多万亩；完成百万亩造林任务，又新增平原造林 19 万亩。379 家养殖场正在加紧关闭、搬迁和治理。2016 年新增节水灌溉 5.5 万亩，农业用新水 6 亿 m³，比 2013 年减少 17.8%，年均减少用水 4 000 万 m³，灌溉水有效利用系数由 2013 年的 0.69 提高到目前的 0.71。2017 年，北京市力争农业用新水减少 4 000 万 m³ 以上。

11. 价值观念

价值观念主导着人们的行为。其实各个地区用水量较大的原因之一也是由于人们的节约意识淡薄，尤其是在北京地区需水量大、供水不足的情境下，更要加强节约用水价值观念的培养。在北京市区域内深入持久地加强水资源宣传教育，包括思想法制和科学技术 2 个方面。首先要加强水资源思想法制宣传教育。要使市民包括从事农业生产的农户深刻认识水资源是经济发展的命脉，是生命的源泉，是不可缺少的宝贵资源；深刻认识北京地区水资源的基本特点和基本对策。牢固树立水资源危机意识、节约意识、保护意识和法制观念；树立节约和保护水资源光荣、浪费和污染水资源可耻的道德风尚；自觉遵守水资源政策和法律法规，服从水资源管理部门的管理，同浪费和污染水资源的行为作斗争。同时，要加强水资源科学技术宣传教育。要加强水资源科普宣传、人才培养和科学研究，推广使用和引进吸收有关先进科技和高新技术。从价值观念培养方面，促进农业节水的发展。

（三） 北京市农业用水结构驱动力定量分析

1. 2000—2017 年北京市农业用水结构驱动力定量分析

结合以上北京市农业用水定性分析结果，涉及具体的因素指标也错综复杂，如人口、经济、社会和技术及其之间的内在联系等。分析用水结构演化驱动力时，选择的影响指标应该全面，但是指标过多会加大分析难度，并且指标间具有相关性。结合北京市农业用水结构的演变情况，初步选取农作物播种面积、造林面积、育苗面积、年末实有耕地面积、池塘面积、水田面积、水浇地面积、大牲畜存栏量、猪存栏量、羊存栏量、家禽存栏量、有效灌溉面积、节灌面积、万元地区生产总值水耗、农业万元产值用水量、农村人均纯收入、第一产业比重、农林牧渔业总产值、降水量、平均气温、日照时数等 21 个因素作为北京市农业用水的影响因素。采用 SPSS 软件进行主成分分析，分析研究结果如下。

（1） 各指标相关系数矩阵

通过 SPSS 获得的各个指标的相关系数矩阵如下表所示。

从结果可以看出，农作物播种面积与年末实有耕地面积、池塘面积、水田面积、有效灌溉面积、节灌面积、家禽存栏量等指标之间存在着显著的相关关系。说明许多变量之间的相关性比较强，证明它们存在信息上的重叠。

其他各个指标也存在类似情况。因此，可考虑在损失较少信息的前提下，将多种指标进行归类，把多个变量（这些变量之间要求存在较强的相关性，以保证能从原始变量中提取主成分）综合成少数几个综合变量，且这少数几个综合变量所代表的信息不能重叠（即变量间不相关），来研究总体各方面的信息（表2-11）。

表 2-11 各个指标相关系数矩阵

	农作物播种面积	造林面积	育苗面积	年末实有耕地面积	池塘面积
农作物播种面积	1.000	0.321	-0.099	0.750	0.805
造林面积	0.321	1.000	0.564	0.409	0.581
育苗面积	-0.099	0.564	1.000	0.117	0.338

（续表）

	农作物播种面积	造林面积	育苗面积	年末实有耕地面积	池塘面积
年末实有耕地面积	0.750	0.409	0.117	1.000	0.900
池塘面积	0.805	0.581	0.338	0.900	1.000
水田面积	0.728	0.159	−0.106	0.913	0.787
水浇地面积	0.645	0.420	0.021	0.946	0.817
大牲畜存栏量	0.642	0.518	0.436	0.372	0.676
猪存栏量	0.681	0.666	0.390	0.693	0.894
羊存栏量	0.524	0.537	0.622	0.602	0.823
家禽存栏量	0.791	0.533	0.240	0.564	0.794
有效灌溉面积	0.818	0.347	0.035	0.936	0.877
节灌面积	0.704	0.072	0.215	0.365	0.537
万元地区生产总值水耗	0.372	0.465	0.762	0.379	0.614
农业万元产值用水量	0.952	0.384	0.078	0.881	0.913
农村人均纯收入	−0.897	−0.364	−0.246	−0.714	−0.849
第一产业比重	0.837	0.517	0.249	0.954	0.975
农林牧渔业总产值	−0.631	−0.141	−0.344	−0.741	−0.762
降水量	−0.473	−0.146	−0.343	−0.593	−0.597
平均气温	−0.293	−0.349	−0.088	−0.321	−0.359
日照时数	0.221	0.052	−0.049	0.467	0.400

	水田面积	水浇地面积	大牲畜存栏量	猪存栏量	羊存栏量
农作物播种面积	0.728	0.645	0.642	0.681	0.524
造林面积	0.159	0.420	0.518	0.666	0.537
育苗面积	−0.106	0.021	0.436	0.390	0.622
年末实有耕地面积	0.913	0.946	0.372	0.693	0.602
池塘面积	0.787	0.817	0.676	0.894	0.823
水田面积	1.000	0.844	0.291	0.559	0.487
水浇地面积	0.844	1.000	0.178	0.627	0.429
大牲畜存栏量	0.291	0.178	1.000	0.806	0.850
猪存栏量	0.559	0.627	0.806	1.000	0.874

（续表）

	水田面积	水浇地面积	大牲畜存栏量	猪存栏量	羊存栏量
羊存栏量	0.487	0.429	0.850	0.874	1.000
家禽存栏量	0.483	0.432	0.917	0.876	0.789
有效灌溉面积	0.924	0.893	0.414	0.693	0.559
节灌面积	0.343	0.128	0.741	0.436	0.594
万元地区生产总值水耗	0.242	0.234	0.668	0.574	0.735
农业万元产值用水量	0.835	0.755	0.664	0.767	0.686
农村人均纯收入	−0.662	−0.513	−0.829	−0.749	−0.784
第一产业比重	0.858	0.854	0.620	0.835	0.771
农林牧渔业总产值	−0.702	−0.537	−0.542	−0.539	−0.740
降水量	−0.544	−0.473	−0.381	−0.435	−0.594
平均气温	−0.257	−0.382	0.022	−0.167	−0.041
日照时数	0.424	0.545	0.006	0.382	0.239

	家禽存栏量	有效灌溉面积	节灌面积	万元地区生产总值水耗
农作物播种面积	0.791	0.818	0.704	0.372
造林面积	0.533	0.347	0.072	0.465
育苗面积	0.240	0.035	0.215	0.762
年末实有耕地面积	0.564	0.936	0.365	0.379
池塘面积	0.794	0.877	0.537	0.614
水田面积	0.483	0.924	0.343	0.242
水浇地面积	0.432	0.893	0.128	0.234
大牲畜存栏量	0.917	0.414	0.741	0.668
猪存栏量	0.876	0.693	0.436	0.574
羊存栏量	0.789	0.559	0.594	0.735
家禽存栏量	1.000	0.596	0.693	0.534
有效灌溉面积	0.596	1.000	0.389	0.449
节灌面积	0.693	0.389	1.000	0.540
万元地区生产总值水耗	0.534	0.449	0.540	1.000
农业万元产值用水量	0.804	0.902	0.695	0.480

（续表）

	家禽存栏量	有效灌溉面积	节灌面积	万元地区生产总值水耗
农村人均纯收入	−0.861	−0.741	−0.863	−0.641
第一产业比重	0.754	0.931	0.538	0.556
农林牧渔业总产值	−0.525	−0.675	−0.726	−0.611
降水量	−0.443	−0.599	−0.507	−0.516
平均气温	−0.070	−0.269	−0.028	−0.100
日照时数	0.087	0.463	−0.112	0.079
	农业万元产值用水量	农村人均纯收入	第一产业比重	农林牧渔业总产值
农作物播种面积	0.952	−0.897	0.837	−0.631
造林面积	0.384	−0.364	0.517	−0.141
育苗面积	0.078	−0.246	0.249	−0.344
年末实有耕地面积	0.881	−0.714	0.954	−0.741
池塘面积	0.913	−0.849	0.975	−0.762
水田面积	0.835	−0.662	0.858	−0.702
水浇地面积	0.755	−0.513	0.854	−0.537
大牲畜存栏量	0.664	−0.829	0.620	−0.542
猪存栏量	0.767	−0.749	0.835	−0.539
羊存栏量	0.686	−0.784	0.771	−0.740
家禽存栏量	0.804	−0.861	0.754	−0.525
有效灌溉面积	0.902	−0.741	0.931	−0.675
节灌面积	0.695	−0.863	0.538	−0.726
万元地区生产总值水耗	0.480	−0.641	0.556	−0.611
农业万元产值用水量	1.000	−0.934	0.952	−0.781
农村人均纯收入	−0.934	1.000	−0.863	0.827
第一产业比重	0.952	−0.863	1.000	−0.791
农林牧渔业总产值	−0.781	0.827	−0.791	1.000
降水量	−0.622	0.635	−0.648	0.673
平均气温	−0.257	0.164	−0.292	0.213
日照时数	0.310	−0.133	0.399	−0.318

（续表）

	降水量	平均气温	日照时数
农作物播种面积	−0.473	−0.293	0.221
造林面积	−0.146	−0.349	0.052
育苗面积	−0.343	−0.088	−0.049
年末实有耕地面积	−0.593	−0.321	0.467
池塘面积	−0.597	−0.359	0.400
水田面积	−0.544	−0.257	0.424
水浇地面积	−0.473	−0.382	0.545
大牲畜存栏量	−0.381	0.022	0.006
猪存栏量	−0.435	−0.167	0.382
羊存栏量	−0.594	−0.041	0.239
家禽存栏量	−0.443	−0.070	0.087
有效灌溉面积	−0.599	−0.269	0.463
节灌面积	−0.507	−0.028	−0.112
万元地区生产总值水耗	−0.516	−0.100	0.079
农业万元产值用水量	−0.622	−0.257	0.310
农村人均纯收入	0.635	0.164	−0.133
第一产业比重	−0.648	−0.292	0.399
农林牧渔业总产值	0.673	0.213	−0.318
降水量	1.000	−0.016	−0.021
平均气温	−0.016	1.000	−0.276
日照时数	−0.021	−0.276	1.000

（2）变量共同度

变量共同度表征提取的因素能够解释多少的自变量，值越接近 1 越好（最大值是 1）。从变量共同度分析结果可以看出，目前选定的影响因素指标信息损失量比较小，且均对农业用水产生一定的影响，能够较好的作为表征农业用水的影响因素进行下一步分析（表 2-12）。

表 2-12　各个指标的共同度

指标	起始	提取	指标	起始	提取
农作物播种面积	1.000	0.964	有效灌溉面积	1.000	0.896
造林面积	1.000	0.873	节灌面积	1.000	0.882
育苗面积	1.000	0.887	万元地区生产总值水耗	1.000	0.993
年末实有耕地面积	1.000	0.950	农业万元产值用水量	1.000	0.985
池塘面积	1.000	0.980	农村人均纯收入	1.000	0.985
水田面积	1.000	0.819	第一产业比重	1.000	0.992
水浇地面积	1.000	0.871	农林牧渔业总产值	1.000	0.810
大牲畜存栏量	1.000	0.958	降水量	1.000	0.752
猪存栏量	1.000	0.901	平均气温	1.000	0.510
羊存栏量	1.000	0.918	日照时数	1.000	0.413
家禽存栏量	1.000	0.938			

（3）特征值及主成分贡献率

主成分个数提取原则为主成分对应的特征值大于 1 的前 m 个主成分。特征值在某种程度上可以被看成是表示主成分影响力度大小的指标，如果特征值小于 1，说明该主成分的解释力度还不如直接引入一个原变量的平均解释力度大，因此，一般可以用特征值大于 1 作为纳入标准。同时，考虑用主成分累计方差贡献率超过一定的值（一般为 85% 以上）为原则确定主成分个数，并对确定了的主成分可以根据专业知识和指标所反映的含义给予命名。

按照特征值大于 1 的纳入标准，通过 SPSS 主成分分析结果可以看出，2000—2017 年所有影响北京市农业用水结构的因素最终可以归为四大类因子，详见表 2-13。其中，第一、第二、第三和第四主成分的特征值分别为 13.227、2.256、1.583 和 1.21，贡献率分别为 62.99%、10.74%、7.54% 和 5.76%。4 个主成分的累计贡献率为 87.03%，超过了主成分累计方差贡献率要大于 85% 的标准，说明用这 4 个主成分能够很好反映北京农业用水的影响因子。

表 2-13　2000—2017 年特征值及主成分贡献率

主成分号	起始特征值			因子提取		
	特征值	贡献率（%）	累计贡献率（%）	特征值	贡献率（%）	累计贡献率（%）
1	13.227	62.986	62.986	13.227	62.986	62.986
2	2.256	10.742	73.728	2.256	10.742	73.728
3	1.583	7.54	81.268	1.583	7.54	81.268
4	1.21	5.762	87.03	1.21	5.762	87.03
5	0.978	4.656	91.686			
6	0.86	4.097	95.784			
7	0.341	1.623	97.407			
8	0.263	1.251	98.658			
9	0.125	0.593	99.251			
10	0.056	0.267	99.519			
11	0.042	0.2	99.719			
12	0.026	0.124	99.843			
13	0.014	0.064	99.907			
14	0.009	0.041	99.948			
15	0.008	0.037	99.985			
16	0.003	0.015	100			
17	1.44E-16	6.84E-16	100			
18	9.28E-18	4.42E-17	100			
19	-2.57E-16	-1.22E-15	100			
20	-3.02E-16	-1.44E-15	100			
21	-5.73E-16	-2.73E-15	100			

（4）初始因子载荷矩阵

初始因子载荷矩阵可以反映出每一个主成分因子所能表征的信息。农作物播种面积、育苗面积、年末实有耕地面积、池塘面积、水田面积、大牲畜存栏量、猪存栏量、羊存栏量、家禽存栏量、有效灌溉面积、节灌面积、万元地区生产总值水耗、农业万元产值用水量、第一产业比重在第一主成分上有较高载荷，说明第一主成分基本反映了面积因素、存栏量以及社会生产的信息，这些表征着人们日常生产、生活所需的种植业、养殖业、水产业以及节水技术等对农业用水的影响。水浇地面积、农村人均纯收入、日照时数在第二主成分上有较高载荷，反映了灌溉条件、人民生活水平、日照时数对农业用水的影响；造林面积在第三主成分有较高载荷，反映了林业对农业用水的影响；降水量在第四主成分上荷载较高，说明降水量影响着农业用水量变化（表2-14）。

表2-14　2000—2017年初始因子载荷矩阵

	主成分			
	1	2	3	4
农作物播种面积	0.801	-0.35	0.039	0.445
造林面积	0.558	0.413	0.624	-0.043
育苗面积	0.671	0.406	0.126	-0.505
年末实有耕地面积	0.916	0.273	-0.188	-0.028
池塘面积	0.974	0.147	0.089	0.03
水田面积	0.786	0.039	-0.44	0.078
水浇地面积	0.717	0.576	-0.129	0.093
大牲畜存栏量	0.839	-0.336	0.375	-0.018
猪存栏量	0.853	0.106	0.401	-0.04
羊存栏量	0.88	-0.018	0.183	-0.333
家禽存栏量	0.825	-0.308	0.397	0.074
有效灌溉面积	0.866	0.163	-0.283	0.198
节灌面积	0.699	-0.617	-0.087	0.073
万元地区生产总值水耗	0.967	0.157	-0.167	-0.064
农业万元产值用水量	0.95	-0.219	-0.041	0.183
农村人均纯收入	-0.921	0.359	0.011	-0.089
第一产业比重	0.992	0.09	-0.018	-0.002
农林牧渔业总产值	-0.793	0.133	0.373	0.155
降水量	-0.642	0.135	0.376	0.425
平均气温	-0.18	-0.443	-0.087	-0.523
日照时数	0.185	0.548	-0.161	0.23

2. 2000—2005 年北京市农业用水结构驱动力定量分析

结合北京市农业用水结构的演变情况，虽然初步选取农作物播种面积、造林面积、育苗面积、年末实有耕地面积、池塘面积、水田面积、水浇地面积、大牲畜存栏量、猪存栏量、羊存栏量、家禽存栏量、有效灌溉面积、节灌面积、万元地区生产总值水耗、农业万元产值用水量、农村人均纯收入、第一产业比重、农林牧渔业总产值、降水量、平均气温、日照时数等 21 个因素作为北京农业用水的影响因素。并基于 SPSS 软件分析了影响北京农业用水近 18 年的五大类影响因子，但是不同阶段的影响因子贡献不同。本部分内容就分析 2000—2005 年、2006—2010 年、2011—2017 年 3 个不同阶段的主要影响因子及其贡献。

（1）特征值及主成分贡献率

按照特征值大于 1 的纳入标准，2000—2005 年所有影响因素最终可以归为四大类因子，详见表 2-15。其中，第一、第二、第三和第四主成分的特征值分别为 13.09、4.706、2.189、1.015，贡献率分别为 62.33%、22.41%、10.43% 和 4.83%。前 4 个主成分的累计贡献率已达 100%，说明用这 4 个主成分能够很好反映 2000—2005 年北京市农业用水的影响因子。

表 2-15　2000—2005 年特征值及主成分贡献率

主成分号	起始特征值			因子提取		
	特征值	贡献率（%）	累计贡献率（%）	特征值	贡献率（%）	累计贡献率（%）
1	13.09	62.332	62.332	13.09	62.33	62.33
2	4.706	22.41	84.741	4.706	22.41	84.74
3	2.189	10.425	95.166	2.189	10.43	95.17
4	1.015	4.834	100	1.015	4.83	100.00
5	2.60E-15	1.24E-14	100			
6	9.32E-16	4.44E-15	100			
7	7.58E-16	3.61E-15	100			
8	5.63E-16	2.68E-15	100			
9	3.80E-16	1.81E-15	100			
10	1.97E-16	9.37E-16	100			

（续表）

主成分号	起始特征值			因子提取		
	特征值	贡献率 （％）	累计贡献率 （％）	特征值	贡献率 （％）	累计贡献率 （％）
11	1.71E−16	8.15E−16	100			
12	1.60E−16	7.60E−16	100			
13	2.28E−17	1.08E−16	100			
14	−1.02E−16	−4.88E−16	100			
15	−2.01E−16	−9.56E−16	100			
16	−3.37E−16	−1.61E−15	100			
17	−3.91E−16	−1.86E−15	100			
18	−4.15E−16	−1.98E−15	100			
19	−4.88E−16	−2.32E−15	100			
20	−8.75E−16	−4.17E−15	100			
21	−1.29E−15	−6.13E−15	100			

（2）初始因子载荷矩阵

初始因子载荷矩阵可以反映出每一个主成分因子所能表征的信息。从载荷矩阵结果可以看出影响 2000—2005 年北京农业用水变化的各个具体影响因素。农作物播种面积、年末实有耕地面积、池塘面积、水浇地面积、有效灌溉面积、万元地区生产总值水耗、农业万元产值用水量、第一产业比重是构成北京市农业用水的第一主成分，该成分基本反映了面积因素以及社会生产的信息，这些表征着人们日常生产、生活所需的种植业和水产业等社会活动以及灌溉条件对农业用水的影响。第二主成分主要包括造林面积和育苗面积、大牲畜存栏量、猪、羊和家禽存栏量，即 2000—2005 年林业和养殖业用水是这一阶段的主要影响因素。第三主成分主要包括平均气温和日照时数，说明光热条件是影响 2000—2005 年北京市农业用水的第三大类影响因子；水田面积和降水量是第四主成分，说明耗水作物面积和降水是影响 2000—2005 年北京市农业用水的第四类影响因子。

与 2000—2017 年整体分析结果对比，发现在 2000—2005 年畜牧养殖对农业用水的影响由第一主成分降为第二主成分；林业用水由第三主成分升为第二主成分。以节灌面积为表征的节水技术的应用程度对农业用水的影响在 2000—2005 年表现不太突出（表 2-16）。

表 2-16　2000—2005 年初始因子载荷矩阵

	主成分			
	1	2	3	4
农作物播种面积	0.959	−0.232	0.148	0.062
造林面积	0.311	0.92	−0.013	−0.238
育苗面积	0.265	0.922	−0.045	−0.279
年末实有耕地面积	0.965	0.225	−0.081	−0.104
池塘面积	0.891	0.373	−0.198	0.165
水田面积	0.728	−0.297	−0.085	0.612
水浇地面积	0.983	0.163	−0.073	−0.046
大牲畜存栏量	−0.682	0.559	0.392	0.264
猪存栏量	0.329	0.662	0.67	0.066
羊存栏量	−0.511	0.753	0.391	0.14
家禽存栏量	−0.538	0.655	−0.449	0.283
有效灌溉面积	0.945	−0.208	0.126	0.22
节灌面积	−0.9	0.17	−0.324	−0.236
万元地区生产总值水耗	0.98	0.176	−0.026	0.086
农业万元产值用水量	0.992	−0.02	0.127	0.011
农村人均纯收入	−0.932	−0.36	−0.043	0.032
第一产业比重	0.963	0.265	0.038	−0.037
农林牧渔业总产值	−0.977	−0.202	−0.014	0.065
降水量	−0.865	0.346	0.091	0.353
平均气温	−0.617	−0.073	0.783	−0.033
日照时数	0.362	−0.66	0.623	−0.213

3. 2006—2010 年北京市农业用水结构驱动力定量分析

（1）特征值及主成分贡献率

按照特征值大于 1 的纳入标准，2006—2010 年影响北京市农业用水结构的各个因素最终可以归为四大类因子，详见表2-17。其中，第一、第二、第三和第四主成分的特征值分别为13.113、4.898、1.657和1.333，贡献率分别为62.44%、23.32%、7.89%和6.35%。前3个主成分的累计贡献率已达93.65%，前4个主成分的累计贡献率达100%，说明用这4个主成分能够很好反映2006—2010年北京市农业用水的影响因子。

表2-17　2006—2010年特征值及主成分贡献率

主成分号	起始特征值			提取因子		
	特征值	贡献率（%）	累计贡献率（%）	特征值	贡献率（%）	累计贡献率（%）
1	13.113	62.443	62.443	13.113	62.443	62.443
2	4.898	23.322	85.764	4.898	23.322	85.764
3	1.657	7.889	93.654	1.657	7.889	93.654
4	1.333	6.346	100	1.333	6.346	100
5	2.55E-15	1.22E-14	100			
6	5.71E-16	2.72E-15	100			
7	5.26E-16	2.51E-15	100			
8	3.93E-16	1.87E-15	100			
9	2.97E-16	1.41E-15	100			
10	1.71E-16	8.15E-16	100			
11	1.47E-16	7.02E-16	100			
12	1.10E-16	5.26E-16	100			
13	-3.32E-17	-1.58E-16	100			
14	-7.88E-17	-3.75E-16	100			
15	-1.20E-16	-5.73E-16	100			
16	-2.15E-16	-1.02E-15	100			
17	-3.78E-16	-1.80E-15	100			
18	-6.76E-16	-3.22E-15	100			
19	-8.17E-16	-3.89E-15	100			
20	-9.85E-16	-4.69E-15	100			
21	-1.21E-15	-5.75E-15	100			

（2）初始因子载荷矩阵

从初始因子载荷矩阵结果可以看出，育苗面积、年末实有耕地面积、水田面积、有效灌溉面积、节灌面积、万元地区生产总值水耗、农业万元产值用水量、第一产业比重构成 2006—2010 年北京市农业用水的第一类主要影响因子，体现了种植业和节水技术是该时期影响北京市农业用水的重要因素；第二大类影响因子包括大牲畜存栏量、猪存栏量、羊存栏量、家禽存栏量、降水量、平均气温、日照时数等因素，体现了养殖业和自然气候是影响北京市 2006—2010 年的第二大类影响因素；第三大类影响因子包括造林面积和水浇地面积，体现了林业和灌溉条件对农业用水的影响；第四大类影响因子主要是农作物播种面积、池塘面积，即体现了种植业、水产业种养殖规模是 2006—2010 年影响北京市农业用水的第四类影响因子。

与 2000—2005 年影响北京市农业用水变化的主成分因素相比，2006—2010 年农业灌溉条件和节水技术是影响北京市农业用水的第一大主导因子，养殖业对农业用水的影响更加突出，林业、水产业对农业用水的影响逐渐减弱。降水和光热条件对北京市农业用水量变化起到重要调节作用（表 2-18）。

表 2-18　2006—2010 年初始因子载荷矩阵

	主成分			
	1	2	3	4
农作物播种面积	−0.297	−0.583	−0.516	0.552
造林面积	−0.479	−0.535	0.65	0.25
育苗面积	0.731	−0.656	0.181	−0.041
年末实有耕地面积	0.914	0.28	−0.149	0.252
池塘面积	−0.714	−0.445	−0.12	0.528
水田面积	0.91	0.305	−0.281	0.011
水浇地面积	−0.799	−0.423	0.419	0.084
大牲畜存栏量	0.016	0.977	0.087	0.194
猪存栏量	−0.911	0.391	0.001	0.135
羊存栏量	0.718	0.668	0.142	0.136
家禽存栏量	−0.515	0.774	0.352	−0.111

（续表）

	主成分			
	1	2	3	4
有效灌溉面积	0.983	−0.109	−0.102	0.103
节灌面积	0.918	−0.252	0.026	−0.305
万元地区生产总值水耗	0.964	−0.177	0.107	0.167
农业万元产值用水量	0.94	−0.081	0.229	0.241
农村人均纯收入	−0.989	−0.064	−0.057	−0.121
第一产业比重	0.909	0.122	0.037	0.397
农林牧渔业总产值	−0.976	0.178	−0.121	0.011
降水量	−0.573	0.681	−0.45	0.073
平均气温	0.69	0.599	0.359	0.191
日照时数	−0.809	0.393	0.259	0.353

4. 2011—2017 年北京市农业用水结构驱动力定量分析

（1）特征值及主成分贡献率

按照特征值大于 1 的纳入标准，2011—2017 年影响北京市农业用水结构的各个因素，通过 SPSS 主成分分析结果可以看出，最终可以归为三大类因子，详见表2-19。其中，第一、第二和第三主成分的特征值分别为 14.373、3.492 和 1.708，贡献率分别为 68.44%、16.63%和 8.13%。3 个主成分的累计贡献率已达 93.21%，说明用这 3 个主成分能够很好反映 2011—2017 年北京农业用水的影响因子。

表 2-19　2011—2017 年特征值及主成分贡献率

主成分号	起始特征值			提取因子		
	特征值	贡献率（%）	累计贡献率（%）	特征值	贡献率（%）	累计贡献率（%）
1	14.373	68.443	68.443	14.373	68.443	68.443
2	3.492	16.628	85.072	3.492	16.628	85.072
3	1.708	8.134	93.206	1.708	8.134	93.206

（续表）

主成分号	起始特征值			提取因子		
	特征值	贡献率 （%）	累计贡献率 （%）	特征值	贡献率 （%）	累计贡献率 （%）
4	0.762	3.628	96.834			
5	0.496	2.362	99.195			
6	0.169	0.805	100			
7	9.16E-16	4.36E-15	100			
8	6.42E-16	3.06E-15	100			
9	3.75E-16	1.79E-15	100			
10	2.99E-16	1.42E-15	100			
11	1.93E-16	9.18E-16	100			
12	1.16E-16	5.52E-16	100			
13	8.80E-17	4.19E-16	100			
14	-4.84E-18	-2.31E-17	100			
15	-5.23E-17	-2.49E-16	100			
16	-1.07E-16	-5.09E-16	100			
17	-2.53E-16	-1.21E-15	100			
18	-3.74E-16	-1.78E-15	100			
19	-5.46E-16	-2.60E-15	100			
20	-8.00E-16	-3.81E-15	100			
21	-1.74E-15	-8.28E-15	100			

（2）初始因子载荷矩阵

从初始因子载荷矩阵结果可以看出，农作物播种面积、年末实有耕地面积、池塘面积、水田面积、水浇地面积、大牲畜存栏量、猪存栏量、羊存栏量、家禽存栏量、有效灌溉面积、万元地区生产总值水耗、农业万元产值用水量、第一产业比重、造林面积是构成北京农业用水的第一主成分影响因子，说明与人们日常生产、生活需求紧密相关的种植业、养殖业、水产业、林业以及灌溉条件仍然是导致农业用水变化的重要影响因子。降水量、日照时数和节灌面积，即归为降水、光热条件和节水技术是构成北京农业用水的第二大类影响因素。平均气温是构成北京农业用水的第三大类影响因子，体现了温度变化对农业用水影响的重要性。

与2000—2005年农业用水主导因子相比，畜牧养殖业用水贡献率有所提升。节水灌溉技术对农业用水的影响也有所体现，成为第二大类主要影响因子。与2006—2010年农业用水主导因子相比，种植业、林业对农业用水的贡献又逐渐增强，节水技术的贡献稍有减弱（表2-20）。

表2-20　2011—2017年初始因子载荷矩阵

	主成分		
	1	2	3
农作物播种面积	0.941	0.327	−0.029
造林面积	0.72	0.008	−0.68
育苗面积	−0.481	−0.365	−0.398
年末实有耕地面积	0.977	0.02	0.066
池塘面积	0.991	0.109	−0.071
水田面积	0.959	0.249	−0.007
水浇地面积	0.923	−0.253	0.143
大牲畜存栏量	0.998	−0.017	−0.015
猪存栏量	0.912	−0.299	−0.017
羊存栏量	0.575	−0.709	0.337
家禽存栏量	0.988	−0.135	0.006
有效灌溉面积	0.982	−0.064	0.006
节灌面积	0.509	0.512	0.468
万元地区生产总值水耗	0.934	0.317	0.148
农业万元产值用水量	0.957	0.233	−0.005
农村人均纯收入	−0.947	−0.285	−0.069
第一产业比重	0.986	−0.014	−0.132
农林牧渔业总产值	0.77	−0.525	−0.328
降水量	0.205	0.866	−0.016
平均气温	0.128	−0.629	0.732
日照时数	−0.602	0.763	0.189

五、本章小结

第一，从农业用水结构来看，种植业所占比重最大，2000—2017 年平均占农业用水的 77.79%，其次是畜牧业用水比重，占农业用水的 8.31%；林业用水比重为 7.35%；渔业用水比重为 6.57%。但总体来看，种植业用水比重在下降，林业、畜牧业、渔业的用水比重在上升。2011—2017 年种植业用水平均比重（73.76%）比 2000—2010 年平均比重（80.36%）下降了 6.6 个百分点；2011—2017 年林业用水的平均比重（9.32%）比 2000—2010 年的平均比重（6.09%）则上升了 3.23 个百分点；畜牧业和渔业用水比重分别上升了 1.97 和 1.41 个百分点。

第二，从 2000—2017 年农业用水及影响因素整体分析来看，所有影响北京农业用水变化的因素最终可以归为人们日常生产、生活所需的种植业、养殖业、水产业以及节水技术等社会活动因子；以水浇地面积、农村人均纯收入、日照时数为代表的灌溉条件、人民生活水平、光热条件；以造林面积为代表的林业以及降水量等四大类主要因子。第一、第二、第三和第四主成分的特征值分别为 13.227、2.256、1.583 和 1.21，贡献率分别为 62.99%、10.74%、7.54% 和 5.76%。4 个主成分的累计贡献率为 87.03%，超过了主成分累计方差贡献率要大于 85% 的标准。

第三，2000—2005 年，影响北京市农业用水变化的因素主要可以归为人们日常生产、生活所需的种植业、水产业和灌溉条件；林业和养殖业；光热条件；耗水作物面积和降水等四大类。第一、第二、第三和第四主成分的特征值分别为 13.09、4.706、2.189 和 1.015，贡献率分别为 62.33%、22.41%、10.43% 和 4.83%。前 4 个主成分的累计贡献率已达 100%。与 2000—2017 年整体分析结果对比，发现在 2000—2005 年畜牧养殖对农业用水的影响由第一主成分降为第二主成分；林业用水由第三主成分升为第二主成分。以节灌面积为表征的节水技术的应用程度对农业用水的影响在 2000—2005 年表现不太突出。

第四，影响 2006—2010 年北京市农业用水的因素主要可以归为种植业和节水技术；养殖业和自然气候；林业和灌溉条件；种植和水产业规模等四大类主成分因子。第一、第二、第三和第四主成分的特征值分别为 13.113、4.898、1.657 和 1.333，贡献率分别为 62.44%、23.32%、7.89% 和 6.35%。前 3 个主成分的累计贡献率已达 93.654%，前 4 个主成分的累计贡献率达 100%。与 2000—2005 年影响北京市农业用水变化的主成分因素相比，2006—2010 年农业节水技术是影响北京市农业用水的第一大主导因子，养殖业对农业用水的影响更加突出，林业、水产业对农业用水的影响逐渐减弱。降水和光热条件对北京农业用水量变化起到重要调节作用。

第五，2011—2017 年影响北京市农业用水结构的各个因素，最终可以归为：人们日常生产、生活需求紧密相关的种植业、养殖业、水产业、林业以及灌溉条件；降水、光热条件和节水技术以及气温等三大类主成分因子。第一、第二和第三主成分的特征值分别为 14.373、3.492 和 1.708，贡献率分别为 68.44%、16.63% 和 8.13%。3 个主成分的累计贡献率已达 93.206%。与 2000—2005 年农业用水主导因子相比，畜牧养殖业用水贡献率有所提升。节水灌溉技术对农业用水的影响也有所体现，成为第二大类主要影响因子。与 2006—2010 年期间农业用水主导因子相比，种植业、林业对农业用水的贡献又逐渐增强，节水技术的贡献稍有减弱。

总的来说，农业用水驱动因子多样，不同时期贡献率不同。虽然各个主要影响因素贡献在不同时期起到的重要性排序不同，但是影响北京农业用水量变化的因素仍然主要归结为以面积因素、存栏量为表征的种植业、养殖业、水产业和林业等生产生活所需、灌溉条件的完善、节水技术的进步以及降水和光热等条件。合理的调整农业种养殖结构，完善并逐步提高节水技术措施，充分利用雨热自然资源是促进农业用水结构合理发展的重要措施。

第三章 北京市节水农业及其科技研发现状与趋势

　　北京市是一个严重缺水的城市，人均水资源占有量为100m³左右，远低于国际人均水资源占有量1 000m³的重度缺水标准。人多水少是北京市的基本市情和水情。节水是北京市的一项长期而艰巨的任务。但新中国成立以来至20世纪末，为保障经济与社会的稳定发展，北京市确立了"以需定水"的供水方针，需水量长期大于水资源供应量，只能以超采地下水满足城市生产与生活的用水需求。进入21世纪，随着水资源形势的日益严峻，为实现节约用水，北京市调整了用水方针，变"以需定水"为"以水定需"，并开始实施用水的定额管理。农业是北京市的用水大户，节水潜力大，是节水工作的重点。北京市从20世纪80年代开始发展节水农业，农业用水总量从2001年的17.4亿 m³下降至2017年的5.1亿 m³，农业用水比重也相应地从44.7%下降到12.9%。2014年初习近平总书记考察北京市农业，对农业节水提出了更高的要求。同年9月，北京市出台了《关于调结构转方式　发展高效节水农业的意见》（京发〔2014〕16号），提出了农业节水的新目标和用水定额，北京市农业节水进入了新阶段，节水任务重，要求高。

　　经过30多年的节水实践与发展，北京市农业节水已经由依靠工程节水转向依靠科技节水，不断加大节水农业的科技研发力度，加大节水农业科技成果的转化与应用，形成了一些实用的农业节水模式，取得了较为显著的节水发展成效，科技对节水的支撑作用不断显现与增强。未来北京市农业的节水发展趋势如何，科技将如何继续支撑农业节水，是一个值得研究的课题。本章从北京节水农业的发展现状入手，分析节水农业科技资源情况，简要回顾节水农业研究情况，总结提出节水农业发展成效与问题，重点分析北京现有的节水农业模式，通过专家咨询与研讨，研判北京市节水农业的定位和发展趋势，在此基础上研究提出未来北京市节水农业的科技研发重点和相关对策建议。

一、北京市节水农业发展现状

（一）北京市节水农业发展历程

新中国成立以后，北京市农业从"靠天收"，到旱涝保收，再到节水大户；从开源到节流，再到开源与节流并举，北京市节水农业完成了惊天大逆转。

1. 新中国成立之后至改革开放前，是北京市农业用水的开源阶段

在这一阶段，和全国一样，北京市开展了轰轰烈烈、"大干快上"的农田水利建设，修建和新建了一批大大小小的水库，农业的灌溉面积快速扩大，粮食亩产量不断提高。农业就像个巨大的抽水机，汲取着天上水、地表水和地下水。

1949 年，北京地区仅有水浇地 1.42 万 hm² （21.3 万亩），占当时耕地面积的 2.68%，绝大部分耕地靠天收成。1949 年，全市粮食平均亩产只有 63.6kg。水土流失严重，流失面积达 6 474.5km²。

1949—1956 年，北京市开展打井抗旱，恢复原有灌溉设施，疏浚排水渠道；治理盐碱地，改种水稻，灌溉农田。1957 年，全市粮食平均亩产达到 102.2kg，比 1949 年提高 60.7%。

1957—1965 年进入农村水利建设高潮。先后建成万亩以上灌区 31 处，灌溉面积达 16.32 万 hm² （244.8 万亩），加上小型灌区及井灌面积，到 1965 年全市灌溉面积达到 22.98 万 hm² （344.74 万亩），占当年总耕地面积的 66.83%。

1966—1978 年，灌溉面积达到 34.21 万 hm² （513.12 万亩），占耕地面积的 79.62%。全市粮食平均亩产达到 380.5kg。

2. 改革开放以后，北京市农业用水由开源转向节流阶段

1979—1995 年，北京市开展了以工程节水为主的农业节水行动。以节水为中心，对农田灌溉系统进行技术改造，采取衬砌渠道，铺设输水管道、安装喷滴灌设备等，节水设施控制面积达到 20.51 万 hm² （307.58 万亩）。到 1995 年，全市农田有效灌溉面积保有 32.30 万 hm^2（484.49 万亩），81.9% 的耕地有灌溉条件；94.26% 的易涝地得到不同程度治理；92% 的盐碱地被改造；62% 的水土流失面积得到控制。粮食平均亩产从 1949 年的 63.6kg 提高到 1995 年的 669.4kg。

"十一五"初期，北京市提出发展"五节农业"，即节肥、节药、节能、节地、节水。其中，节水农业就是通过完善农田水利设施、农艺节水、品种节水、工程节水、管理节水、改变种植制度等措施，达到节约用水的目的。

3. 2014 年之后，北京市农业用水进入开源与节流并举阶段

2014 年市委市政府发布《关于调结构转方式　发展高效节水农业的意见》以来，北京市进入力度最大、制度最严格的节水阶段。北京市农业坚持以水定产，量水发展的原则，高标准、严要求，开源与节流并举，以最大力度推进农业节水工作。

《北京市"十三五"时期水务发展规划》中提出，继续全面落实最严格的水资源管理制度，设置了"三条红线"：用水总量（水资源开发利用）控制、用水效率控制和水功能区限制纳污三条限制红线。并提出推进农业水价改革，建立农业用水精准补贴制度及节水激励机制、推动建立农村用水收费制度等内容和手段。

（二）近年来北京市农业节水工作重点

1. 作物结构与布局调整

2014 年来，全市累计调减粮食作物种植面积 66 万亩，调整高耗水粮食作物冬小麦播种面积 24.9 万亩。

2. 开展重点节水技术攻关

①开展节水抗旱品种筛选与评价。重点针对小麦、玉米 2 个主栽品种开展节水抗旱品种的引进和筛选工作，对其抗旱性鉴定评价，从中筛选适宜京郊种植的节水、丰产、稳产品种，同时，开展了节水品种示范和节水品种配套技术研究。

②开展节水灌溉方式研究。在大田作物上，针对田间灌溉设施与农机作业冲突的难题，开展新型节水灌溉方式的筛选，分别在密云、通州开展了地埋式自动

伸缩喷灌的应用研究，在房山、密云和通州开展圆形喷灌机的应用研究。在蔬菜作物上，针对其栽培茬口多的问题，开展灌溉设施与栽培模式的融合研究和育苗移栽+滴灌施肥技术研究。

③开展水肥一体化技术参数研究。针对水肥一体化条件下缺少本地化灌溉施肥制度参数的问题，在房山、大兴、密云开展了小麦和甘薯的水肥一体化参数研究。

④开展沼液微灌技术研究。在昌平、延庆开展沼液过滤方式及适宜施用浓度的研究，为规模化利用沼液提供技术支撑。

⑤开展自动化灌溉技术研究。包括墒情监测自动化技术引进与试验、智能灌溉技术在设施瓜菜上的应用研究、远程计量水表的引进与试验等。

3. 开展高效节水示范

建立高效节水示范区是推进农业节水的一条有效途径。仅在 2016 年，北京市就建立了 120 个生态节水示范区，示范面积 4.5 万亩，实现综合节水技术全覆盖，包括 30 个粮经节水示范区、45 个蔬菜节水示范区、13 个草莓节水示范区、25 个西甜瓜节水示范区、5 个食用菌节水示范区、2 个果树节水示范区。

4. 推广节水技术与装备

一是将节水设备纳入农机购置补贴范围，主要为节水示范区配备节水设备。二是推广耕作节水技术，如保护性耕作、免耕、农机深松节水技术等。三是在示范区内推进节水设备和技术全覆盖，包括旱作节水技术、高效智能灌溉节水技术、水肥一体化灌溉技术、畜禽养殖节水技术等。大田指针式喷灌设备用水量较常规方式节水 50%以上，设施潮汐式灌溉系统较传统灌溉、施肥方式节约水、肥 80%以上。

5. 建立管理节水试点

针对缺少用水计量和节水激励机制造成农户节水积极性不高、农业用水效率偏低的现状，在大兴、密云、房山分别建立高效管理节水试点，实行"总量控制、定额管理、用水计量、设施配套、物质奖励、鼓励节约"，探索农业节水制度建设。据测定，试点的用水量同比减少 26%。

截至 2015 年年底，北京市总灌溉面积为 348 万亩，节水灌溉面积从 1990 年的 181 万亩发展到 305 万亩。其中，低压管道输水灌溉 197 万亩，喷灌 60 万亩，微灌 17 万亩，渠道防渗 31 万亩，节水灌溉占总灌溉面积的 88%。灌溉水利用率达到 0.71。全市 50 亩以上集中连片设施农业全部配套高标准微喷设施。基本形成了设施农业蔬菜瓜果以微喷为主，果树以小管出流为主，平原良田以喷灌为主，山区粮田以管道输水和渠道衬砌为主，多种节水技术综合发展的节水型农业灌溉体系。农业用水量占全市总用水量的比例由 1991 年的 57.9% 降至 2017 年 12.9%。2003 年以来，城乡开始再生水处理，郊区推广应用再生水，到 2013 年农业使用再生水达到 1.77 亿 m^3，约占农业总用水量的 19%。在现代科技的支撑下，农业节水技术装备不断创新，节水效率与增产效果不断提升，农业由用水大户转变为节水大户。

6. 推进农业水价改革

2015 年，北京市水价改革率先在房山区试点。选取琉璃河区内的河口等 11 个村作为试点。主要措施有 4 项：一是细定地。设施、大田、果树作物按照每亩 500m^3、200m^3、100m^3 的标准每户限额用水。机井安装智能计量设施实现农业用水总量控制；配套田间节水工程，健全干、支、斗、农、毛五级渠系的功能，安装喷灌、滴灌、微喷设备，提高水资源利用率；建立农业用水管理系统，该系统通过物联网技术，监测土壤墒情、气象数据、地下水动态，通过系统平台分析发布灌溉信息，将节水灌溉和水肥、水药一体化管理，实现科学种植。二是明晰农业水权。逐井核发取水许可证，建立农业水价形成机制。三是制定水价。计算机井电费、维护材料费用，测算设施、大田、果树的成本，制定试点农业用水水费指导价，限额内成本水价大田 0.96 元/m^3、设施 0.59 元/m^3、果树 1.70 元/m^3；超限额大田 1.0 元/m^3、设施 0.75 元/m^3、果树 1.86 元/m^3。政府确定的指导价定为 0.56~1 元/m^3。超过限额部分水费为 1.5 元/m^3，并加收水资源费。水资源费为大田作物 0.08 元/m^3，其他作物 0.16 元/m^3。四是建立农业用水精准补贴和节水奖励机制，探索建立农业用水精准补贴机制。节水灌溉工程田间设施建设每亩补贴 600 元，机井智能计量设施建设每眼补贴 1.2 万元，明确奖励标准和对象，节约用水奖励标准为每节约 1m^3 水奖励 1 元到用水户。

房山区水价改革的本质是探索了农业初始水权的总量控制和定额管理制度，将灌溉水收费、"提补奖"等系列办法落实到农户。漫灌浪费罚、节约使用奖，不会增加农民的负担，并实现了高效节水。

在总结房山区水价改革试点经验的基础上，2016 年北京市在《北京市"十三五"时期水务发展规划》中提出要在全市范围内推进农业水价综合改革，其中包括建立农业用水精准补贴制度及节水激励机制、推动建立农村用水收费制度，这是农业节水改革制度的最重要内容和手段。

(三) 京郊节水技术应用现状

1. 京郊节水灌溉技术应用现状

目前，北京市节水农业基本形成了以滴灌、膜面集雨高效利用为代表的工程节水技术，以微灌施肥、有机培肥保墒、应用滴灌专用肥等为代表的农艺节水技术，以测墒灌溉、测土配方施肥为代表的管理节水技术，这些技术在各农业示范园区随处可见，实现了农业节水与农民增收双赢。

北京地区应用比较广泛的节水技术措施包括 4 种，即渠道防渗、低压管灌、喷灌和微灌。其中低压管灌面积最大。2017 年北京节水灌溉面积为 200.69 千 hm^2，其中，低压管灌面积为 136.19 千 hm^2，占节水灌溉总面积的 67.86%；其次是喷灌，面积 31.85 千 hm^2，占 15.87%；再次是微灌，20.08 万 hm^2，占 10%；渠道防渗约 12.18 万 hm^2，约占 6%。

渠道防渗的主要作用是减少输水损失，提高输配水效率。管道输水主要作用一方面减少输水损失，提高输配水效率；另一方面和畦灌、沟灌等灌溉方式结合，提高灌溉均匀度，降低蒸腾蒸发量。喷灌全部采用管道输水，能做到灌溉实施矢量控制，减少地面损失，灌溉水有效利用系数[①]得到显著提高。微灌包括微喷灌、滴灌、小管出流和地下渗灌等多种方式，相对于传统地面灌和喷灌而言，微灌属于局部灌溉、精细灌溉，输水损失和田间灌水的损失极小，水的有效利用程度最高。

2. 京郊节水机械化现状

(1) 粮经节水机械化技术应用

北京市的春玉米主要采用旱作农业机械化技术模式。采用保护性耕作（机械

---

① 农业灌溉用水有效利用系数指在 1 次灌水期间被农作物利用的净水量与水源渠首处总引进水量的比值，是衡量灌区从水源引水到田间作物吸收利用水的过程中灌溉水利用程度的重要指标

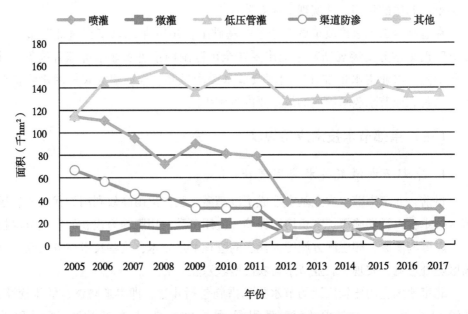

图 3-1　2005—2017 年北京市各类节水灌溉面积

化深松、秸秆粉碎还田等）、机施缓释肥、机械中耕等技术，在正常降水年可基本实现零灌溉。小麦主推喷灌施肥技术模式，以喷灌技术为核心，配套高效灌溉制度、水肥一体化、保护性耕作（机械化深松、秸秆粉碎还田等）等技术，形成喷灌施肥技术模式。

北京市的主要覆膜作物为地膜玉米、地膜花生、地膜根茎叶类蔬菜和地膜瓜果蔬菜四类，平均覆膜比例为 80.0%，瓜果类蔬菜的覆膜比例高达 90.0%。

粮经作物节水灌溉的方法有地面灌溉（沟灌、畦灌）、喷灌和滴灌等。所使用的节水灌溉设备主要有喷灌机、滴灌设备等。

（2）蔬菜节水技术应用

蔬菜种植耗水量大，但露地菜灌溉除部分采用滴灌外，大部分还采用传统的漫灌和畦灌。但设施蔬菜中节水技术应用较为普遍，常用的有滴灌、微灌和自动控制灌溉技术等，其中，膜下滴灌技术和设备应用率最高。目前，北京市在蔬菜种植上主推微灌施肥技术模式和覆膜沟灌施肥技术模式，不同设施规模的农业智能水管理系统、墒情监测设备和灌溉控制设备也逐步开展应用。

（3）林果节水技术应用

北京市目前果树的节水技术主要有小管出流和滴灌。主推环绕式滴灌施肥技术模式，即以环绕式滴灌为核心，配合高效灌溉制度、覆盖保墒（地膜覆盖、枝条粉碎覆盖、生草覆盖）、培肥保墒等技术模式。

（4）畜牧节水技术应用

从节水设备情况看，目前北京市规模化养殖场的节水设备主要有自动饮水系统，基本实现了节水型设备的普及应用，但在粪便清理过程中由于清粪方式不同，用水量大不相同。针对这一情况，大力推广了干清粪工艺，改无限用水为控制用水，改明沟排污为暗沟排污，实现固液分离、雨污分流，粪污经处理后制成有机肥，不仅实现了节水，还增加了收益。

二、北京市农业节水研究概况

（一）北京市节水农业科技资源情况

北京市作为全国的科技创新中心，具有绝对的科技优势，节水相关的研发机构与企业云集，成果丰硕。

1. 科技研发力量雄厚

（1）相关研发机构

经文献检索与相关材料查阅，目前，与水资源或节水相关的北京市重点实验室有8个，北京市工程技术研究中心14个；国家重点实验室3个；国家工程技术研究中心9个（附表1）。其中，国家节水灌溉工程技术研究中心有3个分中心，分别位于北京、杨凌和新疆，北京分中心依托单位是中国水利水电科学研究院。

从事节水农业相关研究的部分企业，见表3-1。

表3-1　北京市与节水农业相关的部分企业

序号	企业名称	主营业务
1	北京国泰节水发展股份有限公司	节水循环利用技术及节水材料的技术研发；节水工程设计、节水设备的安装；污水治理及水环境治理、水生态修复技术开发、技术推广、技术咨询、技术培训；中水回用及雨水利用工程设计

序号	企业名称	主营业务
2	北京禾木节水有限责任公司	全圆摇臂式喷头、滴灌系统、自吸泵喷灌机组
3	中灌润茵（北京）节水灌溉设备有限责任公司	灌溉方案设计，灌溉设备的研发、制造安装、培训及服务
4	瑞克（北京）灌溉设备制造有限公司	主要生产大型喷灌机（电动圆形喷灌机、平移式喷灌机）
5	中农先飞（北京）农业工程技术有限公司	主要是微灌技术与智能灌溉技术的研发，并提供灌溉工程设计、施工与维护，灌溉产品销售等
6	北京东方润泽生态科技股份有限公司	主要开发、销售传统农业节水灌溉设备，承包节水灌溉工程及代理进口节水灌溉产品。智能硬件产品开发，提供云智能传感网络及服务。开展土壤水分监测、气象环境监测、大数据应用及云智能传感网络设计开发，推出了全新的土壤水分传感器、智能气象站及数据服务平台

（2）重点机构简介

北京市农林科学院蔬菜研究中心：重点开展蔬菜节水技术与设备研发。包括膜下沟灌、膜下滴灌、微喷灌、渗灌、地埋式滴灌等灌溉方式、蔬菜水肥一体化栽培技术，工厂化育苗、营养液栽培节水技术等。针对不同栽培形式开展节水管理模式、不同作物的节水灌溉模式、设施蔬菜节水灌溉等研究。

北京农业信息技术研究中心：借助现代信息技术，重点开展节水灌溉自动化与智能节水研究。主要研究方向包括土壤的水气关系、土壤水分与作物生长关系、土壤参数测定、负水头灌溉设备研发、地下滴灌技术、节水自动控制技术等。该中心近年来，针对我国节水农业的技术需求，自主研发了绿地节水灌溉自动化控制系统，自动灌溉监控系统，农用井用水计量管理系统，节水灌溉计算机辅助设计系统，节水灌溉专家决策系统等，开展了作物及土壤水分的遥感监测等节水农业的应用基础研究。

中国农业大学：中国农业大学水利与土木工程学院牵头建设了中国农业水问题研究中心，拥有农业节水与水资源教育部工程研究中心等科研平台，并建设有现代节水灌溉技术与设备国际科技合作基地。拥有农业水土工程、农业生物环境与能源工程 2 个国家重点学科和水文学及水资源北京市重点学科，形成了作物高效用水理论与技术、节水灌溉技术与产品、农业水资源与水环境、水动力学与水力机械等特色鲜明、优势互补的研究方向。

中国农业科学院农田灌溉研究所：主要从事农田灌溉排水领域的应用基础研究和技术开发，研究方向主要包括灌溉技术与设备、排水技术与设备、作物–水关系及水分高效利用技术、农业水资源合理利用与水环境保护、农田生态系统物质和能量循环规律及高效利用技术等。

北京市水科学技术研究院：主要从事水资源、水环境、生态、防灾减灾、工程质量与环境监测、水务发展战略等领域的公益科研、公共服务和技术咨询。

2. 节水推广体系完善

经过多年的建设，北京市已形成了以公益性农技推广机构为主，多主体共同参与、多元化的农技推广体系。借助组织完善的农技推广系统，加强了农业节水技术推广力度。2005 年北京市农业技术推广站成立了节水室，成为北京市农业部门中唯一设置农业节水科室的单位。此后，各区县的推广站（农科所）也设立了农业节水室，并配备技术人员，专门从事农业节水技术的试验、示范和推广工作。为了加强农村用水管理，2006 年以来，全市还成立了 3 927 个村级用水协会，选拔了 10 800 名村管水员，初步形成了市水务局—区县水务局—基层水务站—村级农民用水者协会及管水员队伍的四级管理体系，在节水队伍和推广方面形成了组织优势。近年来，为促进高效节水技术在京郊全面落地，北京市农业技术推广站在房山、大兴、顺义等 9 个郊区县打造了 110 个高效节水示范区，针对粮食、瓜菜、食用菌和果树的六大高效节水技术模式，通过试点示范，推动农业高效节水技术推广应用。北京市科委、北京市科协、北京市农林科学院等单位和部门，也将节水技术培训作为常态化的工作来开展，通过科技项目、科技工程建设等手段开展农业节水技术示范与培训，如北京市农机推广站开展的"设施瓜菜高效节水技术培训会"、北京市科协科技套餐配送工程"顺义节水技术培训班"等，推动了农业节水技术的推广与应用。

（二）北京市节水农业研究回顾

20 世纪 80 年代以来（即"六五"以来），北京市在农业节水方面进行了大量的研究工作，研究内容随着时代的发展而发展，研究深度和广度也从单项技术研究向多学科、多部门联合攻关合作研究方向发展，研究取得的大量成果对北京市节水型现代农业的发展起到了巨大的推动作用。

1. "六五""七五"期间（1981—1990年）的农业节水研究

主要有4个方面：一是粮食中低产田综合治理研究（含灌溉研究）。二是农田节水灌溉试验研究，主要进行了水泥土低压输水灌溉管道、水压式自动升降出水口、滴灌双壁管、"双上孔"型薄壁管等节水灌溉设备的研制及低压管道输水灌溉技术、农业节水综合开发技术、微灌技术等节水技术研究工作。三是冬小麦、夏玉米、蔬菜田间耗水量与灌溉用水量的研究，提出了北京地区冬小麦、夏玉米和27种主要蔬菜的田间耗水量和需水系统以及不同水文年的灌溉定额。四是灌溉效益计算方法的研究。

2. "八五""九五"期间（1991—2000年）的农业节水研究

"八五"期间主要开展了4个方面的节水农业研究：一是北京市科委重大科技攻关项目"北京市平原区节水型农业示范研究"——根据区位、水源、土壤、作物、生产水平和经济状况的不同，在大兴县、通县宋庄、密云西田各庄等地建设了总面积1.33万hm²的6个示范区，在农田节水和涵养水源工程的基础上，建立了农作物节水高产综合配套技术体系，提高了农业用水的生产效率和用水经济效益；研究了农田雨洪利用技术和优化施肥技术，改善了农业生态环境，促进了资源与生态良性循环。二是喷灌地面移动经济管材及配套技术研究——研制开发了RPVC管材，使用寿命可达30年以上。三是西瓜滴灌土壤消毒重茬增产技术研究——研制了"西瓜重茬剂1号"，并应用于滴灌技术，将节水与施药结合在一起，收到了良好效果。四是雨洪利用研究——北京市平原典型地区地表水地下水联合运用研究，利用汛雨缓解水资源危机。

"九五"期间主要开展了"北京市现代化节水型农业研究与示范"：包括大田作物节水高产高效配套技术的研究与示范，菜田水、肥高效利用技术研究与示范（自动反冲排污过滤器的研制与开发，保护地菜田节水减湿技术、渗灌技术、节水灌溉模式等研究），果园节水高产综合配套技术研究与示范（果树节水灌溉设备选型与优化配置研究，节水条件下果园水分传输转化规律与最佳用水管理模式研究，果园蓄水保墒技术研究，山区果园节水灌溉技术研究），水土资源良性循环技术与措施及农业用水管理技术的研究，高新技术在农业节水中的应用研究等五个方面的内容。

3. "十五""十一五"期间（2001—2010 年）的农业节水研究

重点开展了"玉米雨养旱作节水科技示范推广工程"、节水型玉米推广机械化服务示范工程；生物节水型蔬菜的创制、蔬菜节水关键技术示范推广；都市农业高效节水技术研究与示范、再生水灌溉利用关键技术研究与示范；农业节水渗灌技术开发与示范、北京市绿地灌溉节水综合技术体系集成与示范；节水耐旱特色园林观赏植物组培关键技术研究等，另外还开展了重大软课题研究专项"北京市郊区节水战略研究"。

4. "十二五""十三五"期间（2011—2020 年）的节水农业研究

市科委"十二五"期间将"节水农业"作为重点项目进行了立项研究：基于量水发展的都市农业高效节水技术研发与科技示范——包括都市农业生态高效节水科技示范工程建设、水肥一体化的高效节水灌溉系统研究与示范、抗旱新品种筛选和农艺节水技术研究与示范、都市农业用水监测评价和管理平台研究与示范。在重点项目"都市农业先导技术集成示范与大学农技推广模式构建"中，开展了"节水装备与先导技术集成与示范研究"。在国家现代农业科技城成果惠民科技示范工程中，开展了"抗旱作物品种鉴定评价技术研究及节水良繁科技示范""水产养殖水体修复与净化技术研究与示范""北京节水型宿根地被植物速繁及建植技术研究与示范"等。另外，还研究了"痕量灌溉在果园及平原造林中的示范应用"和"农用机井计量装备与节水灌溉系统研发"。

"十三五"以来，对"生态涵养区有机果园设施节水与生物节水技术集成与示范"和"优质高效节水青贮玉米新品种选育与示范推广"等课题进行了立项研究。其中，2014 年北京市发布"调转节"文件以来，市科委立项的节水农业课题研究达 10 项之多，经费达 6 575 万元。

（三）北京市节水农业水平的定位研判

1. 北京节水农业在全国的定位

2016 年，北京市总灌溉面积为 348 万亩，节水灌溉面积 292.575 万亩。其中，低压管道输水灌溉 203 万亩，喷灌 47.5 万亩，微灌 26.7 万亩，渠道防渗 13

万亩，节水灌溉占总灌溉面积的 84%。2016 年农业灌溉水有效利用系数达到 0.723，仅次于上海市，位列第二，但远高于全国水平（0.542）。因此，北京市农业节水在全国应处于领先水平。

2. 北京市节水农业与发达国家的差距

在全世界来看，北京市的节水农业与以色列、美国等先进发达国家相比仍然存在一定差距。

从节水方式来看，高效率节水技术所占比重较小。目前，北京市还是以管灌为主（占节水灌溉面积的 68%），而国外则是节水效率更高的喷灌、微灌技术为主，北京市农业的喷灌和微灌面积仅分别占比 20% 和 5% 左右。

从农田灌溉水有效利用系数来看，与发达国家差距不大。2017 年北京市的农田灌溉水有效利用系数为 0.732，而发达国家该系数一般为 0.7~0.8，差距不大，基本位于第一方阵，但与以节水著称的以色列（0.88 以上）相比，还有一定差距。2001—2017 年的 17 年，北京农业灌溉用水有效系数提高了 0.182，照此速度，赶上以色列目前的用水效率至少还需要 15 年。

从水分生产率来看，与发达国家差距较大。以番茄为例，国内温室沟灌条件下番茄水分生产率为 15kg/m³，即生产 1kg 鲜番茄用水量为 94L；滴灌或者渗灌条件下番茄的水分生产率为 25~28kg/m³，即生产 1kg 鲜番茄用水量为 40~45L。露地滴灌条件下番茄的水分利用效率为 3~3.7kg/m³，即生产 1kg 鲜番茄用水量为 285~333L。西班牙、以色列等国在不加温温室或大棚中生产 1kg 鲜番茄用水量为 30~40L，而露地生产则用水量为 60L；荷兰在智能温室中生产 1kg 鲜番茄的用水量大约为 22L，在此基础上若采用水循环系统则仅用水 15L。

从节水自动化程度来看，与发达国家相比，农业节水设备及自动化水平仍然有很大的提升空间，因此，还需要完善灌溉控制器的控制策略，提升高效化、自动化、智能化的农业节水管理模式。

从设备的性能和外观来看，与国外相比差别很大。性能不稳定、设备不配套、外观设计粗劣，是国内节水设备普遍存在的问题。

三、北京市农业节水的主要模式分析

经过 30 多年的节水农业研究与实践，北京市逐步形成并运用了多种节水灌溉模式。这些模式各有千秋，在不同的适用条件下发挥着不同的节水效用。

（一）水肥一体化模式

在农业用水总量逐年减少的情况下，北京市蔬菜、果树、花卉产业却发展较快，重点推广应用了水肥一体化技术。

水肥一体化技术是将灌溉与施肥融为一体的农业新技术。水肥一体化是借助压力系统（或地形自然落差），将可溶性固体或液体肥料，按土壤养分含量和作物种类的需肥规律和特点，配兑成的肥液与水一起灌溉。

1. 灌溉方式

水肥一体化模式中的灌溉方式主要有喷灌和微灌。其中，微灌按所用的设备（主要是灌水器）及出流形式不同，可分为：滴灌（流量 1.5~12L/小时）、微喷灌（流量 20~250L/小时）、涌泉灌（小管出流，流量 80~250L/小时）。

（1）喷灌

目前在北京市广泛应用的喷灌模式具体有半固定式喷灌、时针式喷灌、滚移式喷灌。其中，半固定式喷灌系统，灌溉时动力机、水泵和干管固定不动而支管、喷头可通过人工移动，相对于固定式喷灌系统，可大大减少支管用量，从而降低单位面积投资，亩投资 650~800 元，仅为固定式的 50%~70%。因投资适中，操作和管理也较为方便，因而是目前国内使用较为普遍的一种管道式喷灌系统。但支管容易损坏，而且移动支管需要人力较多。时针式喷灌即圆周式喷灌，覆盖面积较广。滚移式喷灌是采用机械动力的方法带动喷灌滚轮移动，省去人工搬运喷灌设施的繁琐，避免或减少因支管移动带来的费工、易损。

半固定式喷灌和时针式喷灌适用于方形地块，滚移式喷灌可适用于狭长的地块，3 种方式均可用于大规模面积的土壤灌溉。这些灌溉方式能够保证灌溉均匀，节水、节肥、节省人工，增加农民收入，在北京市顺义区节水农业万亩方均有应用与展示。

喷灌几乎适用于除水稻外的所有大田作物以及蔬菜、果树等。它对地形、土壤等条件适应性强。但在多风的情况下，会出现喷洒不均匀，蒸发损失增大的问题。与地面灌溉相比，大田作物喷灌一般可省水 30% ~ 50%，增产 10% ~ 30%。最大优点是使农田灌溉从传统的人工作业变成半机械化、机械化，甚至自动化作业，加快了农业现代化的进程。但在多风、蒸发强烈地区容易受气候条件的影响，有时难以发挥其优越性。

（2）滴灌

①滴灌施肥系统的选择。根据水源、地形、种植面积、作物种类，选择不同的滴灌施肥系统。

大田果树或蔬菜栽培的滴灌系统，分为自然压差系统和动力压差系统。水源在田面高处可选用自然压差系统，特点是不受电力约束；其他情况则选用动力压差系统，滴灌水压力由加压泵来完成，同时，有缓冲池作为水源的调节；灌水器一般应用滴灌管。日光温室蔬菜或果树，除了以上 2 种系统可选择外，还可以在温室内建设小型蓄水池通过小型压力泵完成滴灌作业。有条件的地方可以选择自动灌溉系统。

②滴灌管的铺设。不同作物、不同树龄、作物生长的不同时期、不同的栽培方式，滴灌管离作物主干基部的距离应有所不同，合适的铺设距离对滴灌浇水施肥的效果影响较大。铺设的原则是：滴灌管上的滴点应在作物根系生长最集中的部位。

（3）微喷灌溉

微喷灌是喷灌技术的改进设备，包括水源（含水泵和机房）、过滤系统、自动化控制区（主要是自动化灌溉仪和电动阀）、灌溉区（包括支管、毛管和喷头）。

微喷灌工程管网系统的干管从机井到温室区，材料采用 UPVC 塑料管；支管采用 PE 塑料管，设在温室内作业道边沿温室纵向布置；微喷头采用单行布置、三角形布置。系统首部设置逆止阀、压力表、过滤系统、水表、闸阀、排气阀；支管首部设置闸阀、水表、施肥罐、压力表、过滤器、压力调节器安全保护装置，以保证系统安全稳定的运行。

2. 肥料的选择

在施肥制度确定之后，就要选择适宜的肥料。

①可以直接选用市场上的专用固体或液体肥料，但是这种肥料中的各养分元素的比例可能不完全满足作物的需求，还需要补充某种肥料。

②按照拟定的养分配方，选用溶解性好的固体肥料，自行配制水肥一体化专用肥料。对肥料的要求，一是溶解度、纯净度高，没杂质；二是相容性好，使用时相互不会形成沉淀物；三是养分含量较高；四是不会引起灌溉水 PH 的剧烈变化；五是对灌溉设备的腐蚀性小。同时，微量元素肥料的使用尽管很少，如果通过微灌系统施肥，需要考虑其溶解度。

3. 水肥一体化的优缺点

（1）优点

水肥一体化技术优点是适时适量地将水和营养成分直接送到根部，肥效快，提高了肥料利用率。可以避免肥料施在较干的表土层易引起的挥发损失、溶解慢，最终肥效发挥慢的问题；尤其避免了铵态和尿素态氮肥施在地表挥发损失的问题，既节约氮肥又有利于环境保护，使肥料的利用率大幅度提高。灌溉施肥体系比常规施肥节省肥料 50%~70%；同时，大大降低了设施蔬菜和果园中因过量施肥而造成的水体污染问题。水肥一体，较灌溉与施肥分开进行的，不仅节时、节工，还节约了能源。由于水肥一体化技术通过人为定量调控，满足作物在关键生育期"吃饱喝足"的需要，基本杜绝了缺素症状，因而，在生产上可达到作物的产量和品质均良好的目标。

（2）缺点

①易引起堵塞。灌水器的堵塞是当前灌溉应用中最主要的问题，严重时，会使整个系统无法正常工作，甚至报废。因此，灌溉时水质要求较严，一般均应经过过滤，必要时还需经过沉淀和化学处理。

②可能引起盐分积累。当在含盐量高的土壤上进行滴灌或是利用咸水灌溉时，盐分会积累在湿润区的边缘，如遇到小雨，这些盐分可能会被冲到作物根区而引起盐害。

③可能限制根系的发展。由于灌溉只湿润部分土壤，加之作物的根系有向水

性，这样就会引起作物根系集中向湿润区生长。

4. 应用现状与效果

（1）节水

水肥一体化技术可减少水分的下渗和蒸发，提高水分利用率。在露天条件下，微灌施肥与大水漫灌相比，节水率达 50% 左右。保护地栽培条件下，滴灌施肥与畦灌相比，每亩大棚一季节水 80~120m³，节水率为 30%~40%。

（2）节肥

水肥一体化技术实现了平衡施肥和集中施肥，减少了肥料挥发和流失以及养分过剩造成的损失，具有施肥简便、供肥及时、作物易于吸收、提高肥料利用率等优点。在作物产量相近或相同的情况下，水肥一体化与传统技术施肥相比节省化肥 40%~50%。

（3）改善微生态环境

保护地栽培采用水肥一体化技术，一是明显降低了棚内空气湿度，与常规畦灌施肥相比，空气湿度可降低 8.5~15 个百分点；二是滴灌施肥比常规畦灌施肥减少了通风降湿而降低棚内温度的次数，棚内温度一般高 2~4℃，有利于作物生长；三是滴灌施肥与常规畦灌施肥技术相比地温可提高 2.7℃，有利于增强土壤微生物活性，促进作物对养分的吸收；四是滴灌施肥克服了因灌溉造成的土壤板结，土壤容重降低，孔隙度增加，有利于改善土壤物理性质；五是减少土壤养分淋失，减少地下水的污染。

（4）减轻病虫害发生

空气湿度的降低，在很大程度上抑制了作物病害的发生，减少了农药的投入和防治病害的劳力投入，每亩农药用量减少 15%~30%，节省劳力 15~20 个。

（5）增加产量，改善品质

水肥一体化技术可促进作物产量提高和产品质量的改善，果园一般增产15%~24%，设施栽培增产 17%~28%。

（6）提高经济效益

水肥一体化技术经济效益包括增产、改善品质获得效益和节省投入的效益。果园一般亩节省投入 300~400 元，增产增收 300~600 元；设施栽培一般亩节省投入 400~700 元，其中，节省水电 85~130 元，节省肥料 130~250 元，节省农药

80~100元，节省劳力150~200元，增产增收1 000~2 400元。

目前，北京市示范推广的水肥一体化技术主要包括：滴灌施肥、微灌施肥、微喷施肥、膜面集雨滴灌施肥和覆膜沟灌施肥等5套技术模式。该项技术适宜于有井、水库、蓄水池等固定水源，且水质好、符合微灌要求，并已建设或有条件建设微灌设施的区域推广应用。主要适用于设施农业栽培、果园栽培和棉花等大田经济作物栽培以及经济效益较好的其他作物。截至2015年，北京市已有30万亩以上蔬菜和果树用上了水肥一体化技术。蔬菜每亩年均节水152m³，节肥36kg，节本增收927元；果树每亩年均节水86m³，节肥26kg，节本增收605元。每年可实现节水2 200多万 m³，相当于11个昆明湖的容量，还可节肥5 500多t。目前在昌平、大兴、房山等蔬菜和果树种植区均有应用。

（二）痕量灌溉模式

痕量灌溉是以土壤的毛细管为基础力，依照植物的需求，缓慢、适量地为植物根系进行供水的一项技术，在节水效率、抗堵性能等方面取得了突破性进展，是目前为止，最节水的灌溉技术。

1. 原理及优势

①优异的抗堵塞性。痕灌通过创造性的双层控水结构，可有效防止堵塞物沉积和植物根毛侵入灌水器内部，很好地解决了"小流量"与"抗堵塞"这一对看似不可调和的矛盾。

②优异的节水性能。痕量灌溉在灌水器内部产生抽水力，土粒中的范德华力为水分运动提供了动力，土壤中的水势差为水分在土壤中的运动提供持续动力。痕灌是在滴灌和渗灌基础上的又一次技术提升，打破了国际上节水最小流量1L/小时的纪录，实现了1~1 000mL/小时无限小流量供水。

③及时满足作物需水。痕量灌溉变传统的被动灌溉为主动灌溉，当作物需水时，会通过土壤毛细管为基础力，主动打开灌水器，水分能够及时少量地向植物根部供水，满足植物的需水要求。

此外，痕量灌溉还具有使用寿命长避免反复回收；无需覆盖地膜，避免白色污染；不存在深层渗漏，也不会造成肥料农药的深层淋溶，减少农业面源污染；有助于提高作物品质和安全性；适合高标准农田的建设等优势。

目前，痕量灌溉在生菜、茴香、黄瓜、番茄和桃等蔬菜和果树上都有应用示范。

2. 痕量灌溉的发展趋势

痕量灌溉单位时间供水量较小（mL/小时），在我国北方尤其西北干旱地区，作物的腾发量大，耗水强度高的作物需要在两侧铺设管道，工程投入较大。因此，需要在现有的基础上开发可调节供水流量的新型控水头，能够根据作物的需水强度在一定范围内调整供水量，以满足作物的需水；优化产品性能参数，生产多种型号痕灌产品；结合水肥一体化对不同种灌溉作物提供更精细的方案。

3. 痕量灌溉存在的问题与不足

一方面，痕量灌溉其实是一种用水量更少的渗灌，在日光温室中使用渗灌会导致次生盐渍化现象加重，痕量灌溉管道的埋深对根层土壤环境也会有影响；另一方面，痕量灌溉单位时间供水量小，在作物高峰需水期无法满足作物的需水，尤其不适用大田作物。

（三）覆膜灌溉模式

覆膜灌溉模式是将地膜覆盖栽培技术与节水灌溉技术相结合的一种节水灌溉模式。包括膜上灌溉和膜下灌溉，灌溉方式有沟灌和滴灌等。

1. 技术特点及适用条件

覆膜沟灌施肥适用于小高畦宽窄行种植作物，如茄果类蔬菜等。包括膜上沟灌施肥、膜下沟灌施肥。膜上沟灌技术适于在灌溉水下渗较快的偏沙质土壤上应用，可大幅度减少灌溉水在输送过程中的下渗浪费。膜下沟灌适宜在水分下渗较慢的偏黏质土壤上应用，地膜可以减少土壤水分蒸发。

膜上沟灌施肥是将地膜平铺于畦中或沟中，畦、沟全部被地膜覆盖，利用施肥装置及输水管路在地膜上输送肥水混合液，并通过作物的放苗孔和灌水孔入渗到作物根部的灌溉施肥技术。

膜下沟灌施肥是将地膜覆盖在灌水沟上，利用施肥装置及输水管路将肥水混合液从膜下灌水沟中输送到作物根系附近的灌溉施肥技术。

膜下滴灌技术：是把滴灌技术与地膜覆盖栽培技术结合起来，充分利用滴灌施肥的节水节肥作用，配合地膜覆盖的增温保墒作用，从而达到节水、节肥、高产、优质的目的。

2. 系统与设备组成

采用线性低密度聚乙烯塑料软管（LLDPE 塑料软管），选择 φ100（充水后直径为 100mm）的软管作为主管路，主管路上正对每个灌水沟处配一长 30~50cm 的 φ50 支管。支管伸至灌水沟的膜下（膜下沟灌）或置于灌水沟的膜上（膜上沟灌）。灌水时可以同时打开 4~5 个支管，灌完 1 沟后将其对应的支管折叠即不再出水。该输水管路可以方便地将水输送至每一灌水沟，还可通过调整支管的位置适应不同的株行距。

将施肥装置与输水管路进行组装，在输水管路的首部安装文丘里施肥器或压差式施肥罐，将肥料溶于灌溉水中，并随灌溉施入蔬菜根系附近，即为覆膜沟灌施肥。

3. 操作要点

（1）蔬菜覆膜灌溉

膜下沟灌时先做成畦面宽度 50cm 左右的小高畦，再在畦上开宽 30cm 左右，深 20cm 左右的灌水沟，将地膜覆盖在灌水沟上。膜上沟灌时可在整地后做成宽 50cm 左右，深 10~15cm 的缓坡沟，直接将膜铺于灌水沟上，并在沟内作物附近扎孔以利于灌溉时水的下渗。在作物定植前施入除草剂，以防膜下或沟内生长杂草，也可采用黑色的地膜防草。利用 PE 薄壁输水软管配合施肥装置将肥水混合液输送到作物根系附近。

（2）果树覆膜灌溉

①在果树树冠投影外围各开 1 条灌水沟，沟深、沟宽均 30cm 左右；以树干连线为中心线，做成高畦，覆以 1.5~2.0m 宽的地膜。

②小沟适时灌溉，每次灌水量为常规灌溉的 40%~60%，有条件的基地还可采用交替沟灌。

4. 覆膜灌溉的效应

覆膜灌溉技术与地面灌溉、喷灌等技术相比，有着其无可比拟的优点。一是具有显著的节水、节肥效果。据测算，膜下滴灌与沟灌相比，平均产量增加 20%

以上，节水 40%～50%，化肥的利用率提高 20% 以上；与常规大水漫灌相比，采用覆膜沟灌技术，苹果全生育期减少灌水 81.8m³/亩，节水 34.4%；水分利用效率 8.0kg/m³，提高 1.5kg/m³，亩均节本增收 616 元。二是省时、省工、便于操作。三是覆膜灌溉可有效防止水分下渗和水分蒸发，防止杂草丛生，持久保持地温，减少病虫害。四是实施膜下滴灌技术，可有效改良农田的土壤结构，防止土壤次生盐渍化。

覆膜灌溉技术适用作物很多，尤其适用于棉花、玉米、蔬菜以及果树、生态林等。目前，在昌平、顺义、平谷、怀柔、大兴等蔬菜和果园种植区均有广泛应用。

5. 存在的问题

膜下滴灌产生的残膜问题给农业生产带来了影响，有的试验区残膜量大，使用之后残留的农膜会在耕层中的形成阻隔层，影响土壤的水、肥、气和热循环，不利于作物生长。同时，膜下滴灌只是调节作物根系层土壤盐分的分布，盐分并未排出，如果灌溉水含有一定盐分，盐分会逐步在作物根底积累，有可能会产生土壤积盐爆发。

6. 发展趋势

残膜回收机械设备的开发会对膜下滴灌产生积极影响，应用机械设备回收残膜能够很好解决膜下滴灌带来的潜在问题；随着数字化农业的发展，以膜下滴灌技术为控制手段，通过电子计算机和传感器的应用，实现精量施肥、精量灌水，将是未来发展的一个重要方面。

（四）无土栽培模式

无土栽培是指不用天然土壤，将作物栽培在营养液或基质中，由营养液（水培）或基质代替天然土壤向作物提供水分和养分，使作物能够正常生长并完成其整个生命周期的生产过程。无土栽培为北京市节水农业发展开辟了一条新途径。

1. 栽培方式

无土栽培的形式包含基质培和水培 2 种。

①基质栽培。常用的无机基质有蛭石、珍珠岩、岩棉、沙、聚氨酯等；有机基质有泥炭、稻壳炭、树皮等。常用的基质栽培设施有：LT 立体架，A 字架，水泥砖槽基质栽培，长方形基质盆栽塑料材质，可活动式苗床基质栽培，三层基质育苗架。

②水培。有 4 种不同形式的设施，即 PP 平铺管道式水培，平面槽式水培（水培槽为泡沫材质），LT 立体管道式水培，A 字架管道式水培。

2. 优点及应用

无土栽培技术具有节水、节肥、节土和生态、环保等特点。该设备一次投资可用 8~10 年，平均下来成本甚至低于一般的土壤种植。无土栽培技术既适用于大规模生产，也适合观光采摘，可以避免由于土壤连作和多次倒茬带来的病害积累，减少重金属离子残留，同时，不占农田，不受地域土壤、气候条件限制，并克服了连作障碍，有利于安全农产品的生产。

3. 存在的问题

现阶段无土栽培存在的主要问题有：一是一次性投资大。温室无土栽培设施平均每亩投资达 70 多万元，难以被普通种植者所接受。二是技术上要求高。营养液调配以及在作物生长过程中的调控，要求较高的技术水平。三是管理水平要求高。在温室内生产，其环境条件既有利于作物的生长，在某种程度上也有利于某些病原菌的生长。如操作不规范，种子、基质和设施等的清洗和消毒不到位，易造成病害的发生而使种植失败。

（五）集雨补灌模式

高效持续发展的集雨补灌节水农业发展模式，大力开展雨水集蓄利用工程建设，提高降水利用率和集雨工程效益，组装集成集雨补灌旱作节水农业增产配套技术体系，促进农民增产增收。

集雨补灌旱作农业包括雨水收集、蓄存、输送、利用等多个环节。开展以集雨补灌为中心的旱作增产技术体系研究与组装配套，其主要目标包括：集雨工程规划设计，提高集雨面拦截雨水效率，提高拦蓄雨水有效贮存率，减少输水损失，提高集雨利用效率，提高农田水分利用效率、作物水分利用效率和水分经济转化效率。

1. 集雨补灌技术特点

主要技术环节包括：高效集雨技术、雨水储存技术、供水工程技术、节水灌溉技术、节水农艺措施等。

相应的关键技术包括：定量确定示范区集雨潜力；选择适宜本地区自然和技术经济条件的优良集流面材料；根据不同地段可收集雨水量确定适宜蓄水工程类型、数量及布局，蓄水工程防渗、防蒸发；根据主要集蓄方式确定经济适用的供水工程；选用经济可行的节灌方式，根据可利用水资源量和作物需水特征确定补灌关键期、水量和方法；选用耐旱优种，采用水肥耦合技术和化学抗旱技术。

地膜覆盖集雨种植技术标准：平地起垄，垄、沟相间。起垄后在垄上覆膜，靠地膜的聚水作用，使小量的降雨也可顺膜集流于垄沟内，入渗到土壤深层。

地膜覆盖集雨种植模式，集降雨和抑制地面蒸发为一体来提高田间降水利用效率，特别是小雨量降水有效性，不仅可以有效地保蓄自然降雨，而且能够改变作物根际土壤水分状况，调控作物耗水强度，使水分持续地为作物所利用，提高水分的有效利用率。

2. 存在的问题

多注重单项技术研究，如雨水汇集技术、雨水蓄存技术、雨水净化技术、雨水利用技术等，缺乏整体性的研究，集成研究不够，导致许多地方出现收集、蓄存、利用、输送各环节相互脱节的现象，工程规划和生产布局也有一定的盲目性，雨水收集利用转化效率不高，影响了集雨工程投资效益的发挥。

（六）雨养旱作模式

北京市水资源严重紧缺，在不具备灌溉条件的地方，如密云、怀柔等区县种植玉米实施雨养旱作技术模式，通过种植制度调整、抗旱作物布局、抗旱品种及旱作技术配套，实现不需要灌溉、完全利用自然降水从事农业生产的目标。该模式在充分利用自然降雨的基础上，以等雨抢墒播种技术为核心，配套抗旱品种、长效肥底施、地膜覆盖、保护性耕作、化学抗旱剂（保水剂）、耕作保墒、培肥保墒等农艺技术。

1. 抗旱品种选择

抗旱品种的选择是雨养旱作是否能取得成效的关键因素之一。品种的抗旱性表现为良好的抗旱萌发能力、较高的抗旱指数、较好的播期适应性。同时，要辅助应用抗旱种衣剂和保水剂，以助发挥品种的抗旱性。

2. 等雨抢墒播种

等雨抢墒播种技术主要把握两个环节：一是作物播种的土壤温度和墒情条件。在适宜播种期内，当土壤温、湿度条件满足要求时应尽快抢墒播种，若土壤温度达到要求但墒情不足，则要在适宜播期内等雨播种。二要把握好土壤墒情与降水量指标。土壤相对含水量在 55%～60% 时，降水量须达到 7mm 以上；含水量在 45%～55% 时，降水量须达到 14mm 以上。抢墒播种应深耕浅覆土，使种子点在湿土上，播后镇压，确保种子与湿土接触。种植户应密切关注天气预报和降水量信息。

3. 化学抗旱

自 20 世纪 80 年代以来，化学抗旱剂在农业生产中得到广泛应用。常用抗旱剂可以抑制作物蒸腾，减少水分损失。喷洒到地面上，在地表面形成一层覆盖膜，可以抑制土壤水分的蒸发。同时，可以吸湿释放水分。保水剂就是其中一种。

保水剂是利用强吸水性树脂制成的一种超高吸水保水能力的高分子聚合物。它能迅速吸收和保持自身重量几百倍甚至上千倍的水，而且具有反复吸水功能，吸水后膨胀为水凝胶，可缓慢释放水分供作物吸收利用。能起到保水、保肥、保温、保土、改善土壤结构和抗旱的作用。

研究表明，保水剂能大幅度提高土壤含水量，提高肥料利用率，但盐分、电解质肥料能剧烈降低保水剂的吸水性。保水剂的保水效果还与土壤质地有关，特别对粗质地的土壤保水效果最好。保水剂加入土壤中可减少水分的无效蒸发，提高土壤饱和含水量，降低土壤饱和导水率，减少了土壤水分的深层渗漏和流失，从而提高水分利用率。

土壤加入保水剂后可增加对肥料的吸附作用，减少肥料的淋失，保水剂对氨态氮有明显的吸附作用，而且保水剂量一定时，吸肥量随肥料的增加而增加。

保水剂施入土壤，因其吸持和释放水分的胀缩性，可使周围土壤由紧实变为疏松，从而在一定程度上使土壤结构和水热状况得到改善。降低土壤容重，增加孔隙度，增加土壤团聚体，提高土壤团粒的水稳性，但其改良作用受保水剂种类、施用量、土壤质地等因素影响。

在低吸力范围，随保水剂用量的增加，有效水含量增加、土壤持水容量增大、毛管持水量提高幅度大于凋萎系数提高幅度、土壤有效水容量明显提高，保水剂可影响光合速率和蒸腾速率的日变化进程，提高水分利用效率。

技术与装备：技术上主要是新型高效保水剂的研发及保水剂的应用技术。

应用：包衣、蘸根、拌种、施于土壤、作育苗培养基质、地面喷洒覆盖物。

存在的问题：一是保水剂自身生产问题，缺乏国标，质量良莠不齐；价格居高不下，影响用户使用；宣传力度不够，用户了解少，难以选择。二是保水性能问题，抗旱保水性能受土壤质地、土壤湿度、土壤盐分、水质等影响，需要针对不同作物、不同土壤类型、气候条件、生产要求制定保水剂施放时间、数量、位置等指标体系。三是保水剂经济用量问题，用量过少达不到预期效果，过大会提高成本。

4. 保墒蓄水技术

保墒蓄水技术适用于我国北方冬春初夏干旱发生频率高，降水量相对集中的地区。该技术主要通过适时耕作达到调节土壤墒情（主要是保墒）的目的。

深耕蓄墒：适时深耕是蓄雨纳墒的关键。深耕的时间应根据农田水分收支状况决定，一般宜在伏天和早秋进行。对于1年1熟麦收后休闲的农田要及早进行伏深耕或深松耕。一般耕深以20~22cm为宜。深耕有明显的后效，一般可达2~3年。因此，同一块地可每2~3年进行1次深耕。

耙糖保墒：耙糖是在耕后土壤表面进行的一种耕作技术措施。耙糖的主要作用是使土块碎散，地面平整，造成耕作层上虚下实，以利保墒和作物出苗生长。

耙糖保墒主要是在秋季和春季进行。耙糖深度以 3~5cm 为宜。

镇压提墒：镇压一般是在土壤墒情不足时采取的一种抗旱保墒措施。镇压后表层出现一层很薄的碎土时是采用镇压措施的最佳时期，土壤过干或过湿都不宜采用。可根据土壤墒情选择不同的时期进行镇压，如播前播后镇压、早春麦田镇压、冬季镇压，使碎土比较严密地覆盖地面，以利聚墒和保墒。

中耕保墒：中耕是指在作物生育期间所进行的土壤耕作，如锄地、耪地、铲地、趟地等。中耕可在雨前、雨后、地干、地湿时进行，亦可根据田间杂草及作物生长情况确定。中耕的深度应根据作物根系生长情况而定，遵循"头遍浅，二遍深，三遍培土不伤根"的经验。

四、北京市农业节水发展成效与问题

（一）北京市节水农业发展成效

经过多年的发展，北京市农业用水量逐年减少，用水结构不断优化；节水灌溉比重和用水效益不断提高，科技对节水农业的支撑作用愈加明显。

1. 农业用水逐年减少而结构不断优化

通过实施工程节水、农艺节水和管理节水，农业用水不论是绝对量还是占用水总量的比重都呈下降趋势。北京市农业用水量从 2001 年的 17.4 亿 m^3 下降到 2017 年的 5.1 亿 m^3，减少了 12.3 亿 m^3，下降了 70.7%，年均减少 0.77 亿 m^3；同期，农业用水占全市用水的比例由 44.7%下降为 12.9%，农业也由第一用水大户降至第三位。2001—2017 年全市节水 16.5 亿 m^3，其中，农业节水对北京市的节水贡献达到了 75%。

同时，农业用水由主要依靠地下水单一水源转向地下水、雨洪水、再生水相结合，2013 年，农业利用再生水达到 1.77 亿 m^3，占当年农业用水量的 19%（图 3-2）。

2. 节水灌溉比重和用水效益不断提高

通过多年节水工程建设、节水技术与设备推广，全市的节水灌溉面积比重不

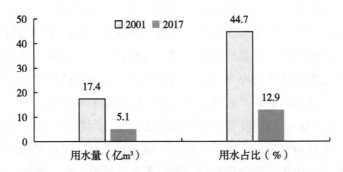

图 3-2　2001 年、2017 年北京市农业用水量及用水量比重

断提升。2000 年的节水灌溉面积 27.27 万 hm²，2005 年增加到 30.93 万 hm²，节水灌溉面积比例由 74% 提高到 84%。随着农业耕地面积的减少，北京市的农业灌溉面积、节水灌溉面积也同期减少，但节水灌溉面积比重仍然保持在较高水平。截至 2017 年年底，北京市农业总灌溉面积 20.9 万 hm²，节水灌溉面积从 1990 年的 12.1 万 hm² 发展到 20.1 万 hm²。其中低压管道输水灌溉 13.62 万 hm²，喷灌 3.19 万 hm²，微灌 2.01 万 hm²，渠道防渗 1.22 万 hm²，节水灌溉面积占总灌溉面积的 95.8%。

　　由于用水量持续的减少，农业用水效益不断提高，每立方米农业用水的经济产出从 2009 年的 188 元/m³，增加到 2017 年的 571 元/m³，增长了 3 倍（表 3-2、表 3-3）。

表 3-2　北京节水灌溉面积比重变化

年份	2000	2005	2015	2017
比重（%）	74	84	86.8	95.8

表 3-3　2005—2017 年北京市节水灌溉面积　　　　　（单位：千 hm²）

年份	节水灌溉面积	喷灌	微灌	低压管灌	渠道防渗	其他
2005	309.23	114.28	12.60	115.60	66.75	
2006	320.86	110.68	8.45	145.24	56.49	
2007	305.30	94.80	16.10	147.80	45.60	0.90

（续表）

年份	节水灌溉面积	喷灌	微灌	低压管灌	渠道防渗	其他
2008	286.60	72.00	14.50	156.60	43.60	
2009	276.55	90.36	16.05	136.48	32.81	0.85
2010	285.80	81.30	19.30	151.60	32.60	1.00
2011	285.81	79.05	20.70	152.54	32.81	0.70
2012	203.28	38.33	9.74	128.71	11.31	15.18
2013	203.60	38.20	11.73	129.82	9.45	14.41
2014	204.98	36.72	12.61	130.80	9.11	15.75
2015	206.28	37.00	14.92	142.61	9.63	2.08
2016	195.04	31.64	17.81	135.34	8.68	1.58
2017	200.69	31.85	20.08	136.19	12.18	0.40

3. 科技对节水农业的推动作用明显

北京市节水技术的研究与成果应用，极大地推动了节水农业的发展。通过工程、农艺和管理3种节水措施并举，全市农业用水效率逐步提高，表现在3个方面：一是农业灌溉水利用系数①逐年提高，由2001年的0.55提高到2017年的0.732，提高了33.1%，约比全国同期平均农业灌溉水利用系数高0.20左右，位居全国前列。二是万元农业GDP水耗不断下降，从2001年的2 213.74m³/万元下降到2017年的423.24m³/万元，年均下降幅度为10.89%。三是每立方米水的实物产出增加，2012年与2001年相比，粮食每立方米水产出提高16.8%；蔬菜每立方米水产出提高19.1%。

4. 组织和制度建设方面相对完善

在组织建设方面，2006年以来，全市成立了3 927个村级用水协会，选拔了10 800名村管水员，初步形成了市水务局—区县水务局—基层水务站—村级农民

---

①　农业灌溉水利用系数指在1次灌水期间被农作物利用的净水量与水源渠首处总引进水量的比值，是衡量灌区从水源引水到田间作物吸收利用水的过程中灌溉水利用程度的重要指标。发达国家该系数可达到0.7~0.8

用水者协会及管水员队伍的四级管理体系，为农业节水灌溉设施管理提供了有力保障。在制度建设方面，区县级层面上，大部分区县出台了农业节水灌溉设施运行管理规定或管理办法，如平谷区运行管理制度规定"要编制用水计划，细分到户，实行总量控制"。乡镇级层面上，有7个乡镇制定了农业节水灌溉设施运行管理制度。

5. 更加重视农业节水政策引导和支持

2014年9月，北京市委市政府印发《关于调结构转方式　发展高效节水农业的意见》指出，北京要转变传统的用水方式，构建都市型节水农业，树立具备科技性与创新性的节水理念，在提高节水效率的同时，也真正实现农业的循环，真正推动都市型现代农业的可持续发展与进步。同年9月，北京市农业局制定下发了《北京市地下水超采区农业结构调整实施方案》，明确今后一个时期北京农业工作的总体思路是：以服务首都为出发点，以做精产业、富裕农民为落脚点，按照"高效、节水、生态、安全"的基本原则，着力推进现代农业规模化发展、园区化建设、标准化生产，着力提升现代农业的核心竞争能力、城乡服务能力、生态涵养能力，全力打造管理服务精细、产业产品高端、田园乡村秀美、城市郊区共融的都市农业"升级版"，为建设国际一流的和谐宜居之都提供有力支撑和坚实保障。

（二）北京市节水农业存在的问题

1. 农业用水效率仍有较大提升空间

尽管北京市农业灌溉用水有效利用系数不断提高，在全国居于领先水平，但与发展国家仍有一定差距。虽然北京每立方米农业用水的经济产出不断提高，万元农业GDP水耗不断下降，但与全市全社会相应指标相比，仍有很大差距。

从万元GDP水耗来看，尽管全市万元GDP水耗和农业万元GDP水耗都在不断下降，但农业万元GDP水耗下降速度小于全市万元GDP水耗。2001—2016年，全市万元GDP水耗的下降幅度为年均13.45%，同期，农业万元GDP水耗的下降幅度为10.87%。2001年农业万元GDP水耗2 213.74m³，是全市万元GDP水耗（104.91m³）的21倍；到2017年，农业万元GDP水耗降为

423.24m^3,却是同期全市万元 GDP 水耗（14.11m^3）的 30 倍（表 3-4）。

表 3-4 2001—2017 年北京市农业用水效率变化

年份	万元 GDP 水耗（m^3）	万元农业 GDP 水耗（m^3）	年份	万元 GDP 水耗（m^3）	万元农业 GDP 水耗（m^3）
2001	104.91	2 213.74	2010	24.94	929.10
2002	80.19	1 925.47	2011	22.13	811.43
2003	71.50	1 687.04	2012	20.07	628.42
2004	57.35	1 582.65	2013	18.37	569.39
2005	49.50	1 531.32	2014	17.58	515.72
2006	42.25	1 498.83	2015	16.60	460.21
2007	35.34	1 247.49	2016	15.80	470.68
2008	31.58	1 077.20	2017	14.11	423.24
2009	29.92	1 027.40			

从每立方米水的经济产出来看，2009—2017 年尽管农业用水效益也是在不断增长，但与全市用水效益相比，一直处于较低水平。2009 年，农业用水效益为 188 元/m^3，同期全市用水效益为 413 元/m^3，前者不到后者 50% 的水平；2017 年，农业用水效益达到了 571 元/m^3，增长了 3 倍，但同期全市用水效益也进一步增长，农业用水效益仍然低于全市用水效益。

农业增加值在全市 GDP 中的比重以及如此低的用水效益与其较高的用水比重极不相称。农业节水势在必行（表 3-5）。

表 3-5 北京市农业用水效益及与全市的比较

年份	农业用水效益（元/m^3）	全市用水效益（元/m^3）	农业用水比重（%）	农业 GDP 比重（%）
2009	188	413	33.8	1.0
2010	226	480	32.4	0.9
2011	246	533	30.3	0.8
2012	304	586	25.9	0.8
2013	308	631	25.0	0.8
2014	336	654	21.9	0.7

（续表）

年份	农业用水效益 （元/m³）	全市用水效益 （元/m³）	农业用水比重 （%）	农业 GDP 比重 （%）
2015	437	690	16.9	0.6
2016	463	731	15.7	0.5
2017	571	780	12.9	0.43

2. 节水灌溉技术集成与配套问题较为突出

节水灌溉技术是应用性很强的科学，但目前的节水灌溉技术在实用性、可靠性、配套性、合理性方面与用户的要求相差甚远。一是产品不配套。如节水设备与供水设备不配套，供水设备与供肥设备不配套，滴头（或喷头）与管道不配套等，制约了节水设备的应用。二是与种植制度不配套。北京市为一年两熟制地区，蔬菜尤其是设施蔬菜往往是一年多熟，上下茬不同作物的种植方式不同，如条播（植）、撒播或点播（植），对滴灌孔距的要求不同，而且上下茬之间需要将节水灌溉设备收起来再铺设，费工费时。三是节水灌溉设备质量不稳定。这与水质好坏和所处的环境有很大关系。四是缺乏专业化及多用途产品。如不同作物不同栽培方式对节水设备的需求不同，缺乏针对不同作物不同栽培方式所开发的专业化的节水设备；同时为适应不同种植制度的转换，还需要适用于不同作物不同种植制度的节水设备。

3. 节水科技研发存在薄弱环节

重节流轻开源：从北京节水科技研发的历史来看，从注重工程节水到重视技术节水，科技研发的重点在于节流；从输配水的节水，到灌溉过程节水，都做了大量的研究工作。但关于农业用水如何开源却少有研究，如污水灌溉、再生水利用、雨洪利用等方面，缺乏深入研究。

重技术轻管理：节水农业的关键技术一直是节水农业科技研发的重点，但对于管理节水的研究却很少，只是近年来才有对用水监测评价和管理平台、郊区节水战略的研究。

4. 节水管理自动化程度不高

一方面，投入成本和运行维护成本高，制约了节水自动化设备在粮食作物、露地蔬菜和果树灌溉上的推广应用。政府通过科技示范项目为一些园区、种植大户安装了灌溉自动化设备，用户免费使用或成本很低，因此，对自动化设备的维护和使用不够重视，导致设备的闲置与浪费。另一方面，我国农业节水自动化技术尚处于起步发展阶段，目前的自动化设备和技术还不能满足农业生产实际需求，设备的稳定性和先进性与国外同类产品存在一定差距。现阶段，大部分节水设施销售公司只负责安装（有的公司甚至都不负责安装）却不负责维护。一方面，节水设备的专业化程度高，在设备运行过程中一旦出现故障，很难找到可以维护的公司；另一方面，郊区所采用的节水设施一般是由政府一次性投资建设的，但并没有后期配套的维护资金，导致多数设备因故障而闲置浪费，无法有效发挥节水设备的应有功能。

5. 灌溉计量设施配套率低

一是为加强农业用水管理，2003 年为全市的农用机井安装了普通机械式水表进行用水计量，但由于受水锤、冻损和泥沙等影响，大部分水表已损坏，目前水表完好的仅占 15.3%。配备井房等防护设施的也只占到了 34%。主要原因是当时建设标准低和投入不足，后期缺乏维护投入。二是北京市大部分区农业灌溉尚未形成合理的用水收费和奖励制度，即使收费也仅仅缴纳电费即可。由于农户选择节水并不会获得报酬，所以，在节水问题上大部分用户缺乏积极性。三是农业灌溉节水设备应用指导和服务不到位，很多情况下节水设备应用主要是由当地农业技术推广站人员进行教育与培训，但是由于农业技术推广站人员同样缺乏对节水设备的了解，导致技术指导不到位。

6. 农民缺乏节水意识及相关知识

很多用户尚未形成科学节水的理念和意识，较少用户将用水核算划入到农业生产成本之中。根据北京农业信息技术研究中心对京郊节水设备的调查，在使用节水设备的农民中，大学以上学历人员占 5%，高中学历占 20%，初中以下学历占 75%，低学历农民更加缺乏对灌溉技术的认识与了解，并影响节水技术和设备的迅速推广。整体而言，由于农民缺乏节水意识和必要的节水技术知识，现实中节水管理和节水技术推广存在诸多障碍，农业用水存在严重的浪费现象。

五、北京市发展节水农业的思路与趋势

（一）总体思路

根据北京市《关于调结构转方式 发展高效节水农业的意见》（京发〔2014〕16号）文件精神，未来北京市节水农业发展的总体思路是：深入贯彻党的十九大精神，以习近平对北京市农业的重要指示为指引，紧紧围绕北京都市型现代农业生产、生活、生态、示范四大功能，以节水富民、提质增效为目标，坚持将节水提高到水安全、生态安全、农业安全的高度，坚持量水发展、节水优先、提质增效、农民增收的原则，节流与开源并举，调整农业结构，转变生产经营方式，工程、农艺、技术、管理、政策五管齐下，以观念创新为引领、以机制创新为突破、以科技创新为支撑，发展高效节水农业，围绕农业全程节水进行科技创新，提高北京农业的节水水平。

到2020年，北京市将实现"两田一园"雨养农业之外的灌溉农田高效节水设施全覆盖、全使用，更新改善高效节水灌溉面积122万亩，对26万亩苗圃灌溉设施更新改造，优先使用再生水或雨洪水；"两田一园"内机井全部安装计量设施，从按照用电量计费，变为按用水量计费，建立现代化的农业高效节水建设、管理、运营体系，在农业领域率先实现"以水定产、以水定业"。

（二）未来北京市节水农业的发展趋势

1. 微灌和再生水的农业利用成为农业节水的重点

随着农业"调结构转方式"的进一步推进，北京市将逐步淘汰高耗水、低产出的农作物，增加耗水相对较少、经济附加值高的农作物面积比重。蔬菜、林果、瓜类、经济作物等作物的比例将不断增加，用水量比例也会不断增加，标准化与工厂化生产将对农业灌溉提出更高的要求，节水灌溉与随水施肥技术的经济可行性将不断提高，生产成本的节约效益将更加显著。与其他灌溉形式相比，微灌具有显著的节水增产效果与适应性，但目前北京市微灌面积占总灌溉面积仅5.3%。因此，微灌将成为未来农业节水发展的主要技术方向。

利用再生水灌溉可以替代优质地下水，实现"优水优用、劣水低用"，应当是农业节水概念的延伸。北京市目前农业上的再生水利用比重约为19%（2013年），距离以色列的38%还有较大差距。再生水的农业利用潜力和空间巨大。

2. 农业节水将更加依赖科技创新的支撑

节水农业的发展要以科技为先导，节水技术研究既要考虑宏观的、长远的、战略性的研究，又要考虑微观的、近期的、具体的措施；既要开展专业基础研究，又要注重应用领域的开发；既要加强硬件设施建设，又要提高软件管理水平。大力开展新技术、新材料在节水农业上的应用研究，如纳米技术、信息技术、生物技术等；开展节水技术集成与应用研究，形成适用于园艺作物、设施农业、果树等的节水模式。

按照农业种植结构调整布局，对70万亩菜田、100万亩果树、80万亩大田配套建设高效节水灌溉设施，提高用水效率，粮田采用喷灌模式，菜田和果园采用微灌模式。应用推广先进的用水控制、用水分配、用水计量、信息采集等设备，包括小型气象站、测墒仪、过滤器、施肥器、智能计量设施、变频器、软启设备等，实施精准灌溉。

3. 农业高效节水将由单一工程节水向综合节水转变

按照"节水优先、空间均衡、系统治理、两手发力"的原则，通过部门联动、政策集成，统筹推进设施节水、农艺节水、科技节水、机制节水等措施，健全完善建设和运行管护机制，统一规划，统一标准，统一实施，强化管理，促进综合节水，不断提高农业用水效率和产出效益。

优化农作物种植结构和耕作制度，开展粮草轮作、半休耕、"生态作物+雨养旱作作物"，扩大优质耐旱高产品种种植面积，严格限制种植高耗水农作物；完善科技支撑体系，重点开展节水、抗旱、高产新品种，以及专用肥、农药、微量元素和种子科技攻关，加快构建以覆膜灌溉和水肥一体化为核心的工程节水技术体系；大力推广管灌+喷灌或管灌+滴灌的灌溉模式，加快熟化不同类型区不同节水灌溉措施综合节水技术集成模式，推进简易适用技术模式的试点示范；推进节水制度创新，按照"以供定需、以水定产、空间均衡、两手发力"的战略思想，深化农业节水体制机制改革。

4. 农业节水管理将更加严格

面对越发严峻的水资源形势，北京市将建立严格的水资源管理制度。按照"以水定城、以水定地、以水定人、以水定产"的原则，确定农业发展空间布局、产业结构和灌溉规模。落实"地下水管起来、雨洪水蓄起来、再生水用起来"的要求，把用水总量控制、定额管理作为农业生产的刚性约束，科学配置农业用水，并严格管理。目前，北京市已基本完成农用机井的计量安装，为全面实现农业用水水费征收建立良好的基础。加强节水管理创新，包括水资源监测、配水的控制与调节、用水计量、用水定额制度、水价与水费政策，水权交易制度、节水奖励制度等。

今后，各区县将根据实际情况确定农业用水水价，实行"村收村用镇监管"，水费主要用于农业节水设施的运行维护，确保设施良性运行。超限额用水征收水资源费，水资源费由区县统筹用于农业节水。使用雨洪水或从河道取用再生水进行灌溉，不征收水资源费。

六、未来北京市节水农业的科技研发重点

未来现代农业的发展尤其是一些瓶颈问题的突破要依靠科技创新，节水农业的发展同样要依靠科技创新。未来北京市节水农业的科技研发重点主要有以下几个方面。

(一) 节水品种选育

抗旱节水作物新品种是引领节水农业发展的重要方式。通过现代生物技术和传统育种技术相结合，培育节水抗旱新品种，特别是改良高耗水的作物品种，主要是粮食作物、蔬菜及食用菌等，提高作物的抗旱能力，减少灌溉用水量是北京农业抗旱新品种选育的主要方向。重点是抗旱种质资源的搜集与筛选，作物抗旱性鉴定等。研究与节水品种相配套的种子处理方式、灌溉制度、灌溉方式、灌水量、播期、种植密度、种植方式、施肥方式等，并进行技术集成，实现节水品种节水方法相配套，以充分发挥品种的节水能力和潜力。

（二）节水技术研发

重点开展纳米技术、信息技术、生物技术等新技术在节水农业上的应用研究。

1. 纳米技术在节水农业上的应用研究

由于纳米颗粒具有小尺寸效应（体积效应）、量子尺寸效应、宏观量子隧道效应、表面效应等特殊效应，造成了纳米材料在吸附能力、化学反应能力等方面表现出异常优异的特性，因而在水处理和保水中具有特定优势。

纳米技术在水质净化和污水处理上的应用研究：研究纳滤膜、新型纳米水处理剂、纳米管道等应用于农业水质净化、污水处理、微咸水处理等，降低农业用水和排水的硬度、重金属和其他污染物含量，降低色度，脱除可溶性有机物，在一定程度上解决滴灌滴头和微喷喷头易堵塞的问题。

纳米保水剂和包衣剂的应用研究：应用纳米技术，开发低成本、高吸水率的新型保水剂、种子包衣剂，提高保水剂的保水效果与环保性能。

2. 信息技术在节水农业上的应用研究

将农业高效节水技术与物联网等信息技术有机结合，推动农业高效节水工作向信息化、智能化方向发展。

基于水肥一体化的轻简智能施肥装备研发：探索不同应用规模、类型、灌溉方式、栽培模式的水肥一体化实现方式及对自动化灌溉施肥控制设备的需求，评估文丘里、施肥泵等注肥设备性能及应用结构模式，研究液肥调配、传输、分配过程的动态特性和控制设备的非线性特性；简化肥水设备结构与应用模式，研发移动式简易的水肥设备，集成数字感知设备及水肥定量投入模型，提升施肥灌溉精度与稳定性，实现多场景按需配置水肥的技术模式。

低成本田间远程自动阀门控制器：该阀门控制器应能够支持移动网络通讯，具有流量采集上传功能，能够实时监测灌溉用水量，可独立执行控制逻辑，能够接收远程控制指令，控制田间灌溉的开启和关闭，实现时序或传感器反馈的自动灌溉。

智能节水灌溉控制器：基于不同作物不同种植类型在生产时间和科学研究中

所形成的灌溉制度和智能节水灌溉决策依据，研发支持复杂逻辑判断的可编程智能灌溉控制器。针对果园和生态林环境缺少市电供电的特点，研发低功耗灌溉控制器。设计开发集中式温室智能节水灌溉控制器，将园区内的温室灌溉集中管理，并针对每个温室作出智能的灌溉决策，有利于首部灌溉水的分配，降低智能灌溉控制系统的推广应用成本。

粮田智能节水技术系统研究：全面提升粮田墒情监测技术覆盖密度，建立典型粮田作物的精量灌溉决策模式，配套低功耗-无线自动传输与控制技术，构建粮田自动化灌溉标准化技术模式。

果园智能节水技术系统研究：围绕果树水分的根-茎-叶-果传输过程，研发土壤、茎流、冠层、果形等一系列实时监测设备，提出果园需水指标体系，集成应用智能化灌溉决策与控制技术，构建果树智能灌溉决策标准化技术模式。

智能节水灌溉服务云平台：面向科研试验和产业化推广，结合自动化灌溉设备的特点和节水灌溉对信息服务的需求，设计开发智能节水灌溉云平台。该平台能够接入田间远程自动阀门控制器、知识型可编程灌溉控制器、低功耗灌溉控制器等灌溉控制设备，为控制设备提供远程监测和控制服务接口，同时能够接入墒情监测站、气象监测站、温室环境监测仪等与灌溉决策密切相关的环境监测设备，对环境数据进行管理和发布。平台通过手机 App 向农户推送灌溉决策结果，农户通过手机 App 对田间的阀门控制器进行控制，并能够对整个灌溉过程进行监测。

3. 生物技术在节水农业上的应用研究

生物技术在节水农业上的应用前景广阔，是当今全球抗旱研究的热点。利用生物技术，开展抗旱节水机理及分子生物学研究以及和抗旱节水相关性状的基因定位、分子标记、基因克隆、转基因尤其是基因编辑技术的研究，选育具有良好抗旱性的节水新品种，重点是粮食作物、主要园艺作物和主要果品。

（三）节水模式研究

1. 园艺作物节水栽培模式研究

露地蔬菜水肥一体化模式研究：研究不同水肥调控水平下对露地蔬菜生长指

标、水肥利用效率、产量品质等综合影响效应，解决最优灌溉制度、最佳施肥时机、浓度及优选节水灌溉系统技术参数等关键问题，提出具有增产调质作用的露地蔬菜水肥一体化模式。

蔬菜高效节水施肥模式研究：针对蔬菜灌溉施肥决策输入因子种类众多、决策方式多样等问题，在目前已有灌溉和施肥制度研究成果的基础上，分析和总结蔬菜在不同土壤和基质条件下灌溉和施肥制度，精确控制根系环境，优化不同生长阶段 EC 值和元素配比；研究蔬菜灌溉施肥与主要环境因子的作用关系，探索基于温湿度、太阳辐射、辐热积、植物蒸腾及植物体温变化的灌溉施肥决策方法，构建科学、实用的蔬菜高效节水施肥模式。

2. 设施农业精准灌溉模式研究

基于土壤水盐廓线监测分析，获得不同土层深度土壤水分实时动态变化曲线，结合设置灌溉时间，突破土壤水分消退规律，深入解译根系深度、作物水分胁迫点、实时蒸腾日志、作物单日耗水量等作物关键参数。分析不同灌溉背景下土壤水超饱和过程线与胁迫过程线，确定多余水量与亏缺水量，探索面向不同生育期的作物最佳补水点，提出节水—增产—调质多种目标约束下的设施农业果菜水分管理方法。

3. 果树高效节水灌溉模式研究

果园雨水集蓄利用技术研究：根据果树不同种植方式的特点，如密植、稀植，棚架栽培、篱壁式栽培等，研究果园不同集雨方式、雨水净化方式、雨水利用方式等，提高果园对雨水的充分利用，减少新水用量。

果树高效节水灌溉模式研究：研究滴灌、小管出流、微喷等不同节水灌溉方式对果树水分利用率、果品生长及产量、物化和人工投入多方面的影响效应，建立适宜不同种植规模农户使用的果树节水灌溉模式。

4. 草坪节水灌溉模式与系统研究

研究再生水、雨水和地下水多水源条件与不同水分调控耦合作用下，草群尺度上土壤水分特征、景观功能（外观质量、生长特性、形态特征与生理代谢）与生态功能（光合作用、固碳释氧、降温增温等）的变化规律，研究开发草坪智能灌溉系统，提出城市典型绿化草坪多水源水分—景观—生态功能最优灌溉模式。

(四) 节水配套研究

1. 多水源调配技术与装备研究

地下水、雨洪水和中水都可以成为农业灌溉用水，但是水源水质的不可控，可能造成农作物和土壤损害。因此，应研究开发多水源调配的首部系统，对多种水源的水质进行在线监测，同时，通过混合比例的实时调整对灌溉水质进行调节，最终获得适合农用的灌溉用水。

2. 主要农作物节水灌溉制度研究

灌溉制度是针对具体某种作物、某种灌水技术所制定的一套灌溉方式和方法。不同的作物、不同的灌溉技术其灌溉制度也不相同。合理制定灌溉制度，可以科学地满足作物的需水要求，降低灌溉工程造价。特别是在农业节水灌溉硬件设施发展之后，要使节水迈上新台阶，只有从灌溉制度上下功夫。科学灌溉制度的研究与推广应当是今后农业节水研究的一个重点。

3. 种子保水丸粒化处理技术研究

多数蔬菜是小型种子，不适合机械化单粒播种要求，种子质量达不到"一穴一粒，单粒成苗"的要求。针对这些问题，开展小型蔬菜种子保水丸粒化处理技术研究，使其符合机械化单粒播种要求，并提高单粒成苗率，为蔬菜节水栽培提供配套技术。

4. 专业化和多用途节水灌溉设备研究

研究采用新材料改善制造和加工工艺，开发实用的节水配套设备，并根据水源条件、作物、土壤等提供完整的灌溉技术配套方案。同时，一方面，要紧盯国际上农业高效用水的新动向，选择前沿性的技术领域加以研究，作为技术储备；另一方面，要通过引进、消化和吸收国际节水灌溉方面的关键技术、先进技术，积极研制和开发专业化和多用途的节水技术产品。针对不同果树品种、不同蔬菜品种的不同栽培方式，研究配套的滴灌、微喷等节水灌溉设施。针对主要种植制度，研究多用途的节水灌溉设备。同时，还应研究配套的节水设备铺设机械。

（五）节水管理研究

1. 水权交易制度研究

主要研究内容包括水权的定义与内涵，初始水权的分配制度，水权交易程序与规则，水权交易市场的培育，水权交易平台建设，国外水权交易制度研究。

2. 农业与农村水价改革研究

调查研究农业与农村水价的现状、存在的问题，开展基于成本测算的水价形成机制，水价改革的方案与路径研究，农业与农村用水收费制度研究，农业用水精准补贴制度和节水激励机制研究等。

3. 农业节水管理研究

主要研究内容包括国内外农业节水管理模式研究，节水设施运营管理机制、农业节水管理政策研究，农业节水管理绩效研究，农业节水专业化和社会化服务研究、农业节水的公众参与研究等。

七、本章小结

①北京市节水农业发展经历了开源—节流—开源与节流并举 3 个阶段。新中国成立以后，北京市农业从"靠天收"，到旱涝保收，再到节水大户；从开源到节流，再到开源与节流并举，节水农业完成了惊天大逆转。新中国成立之后至改革开放前，是北京市农业用水的开源阶段；改革开放以后，北京市农业用水由开源转向节流阶段；2014 年之后，以市委市政府发布《关于调结构转方式 发展高效节水农业的意见》为标志，北京市农业用水进入开源与节流并举阶段。未来北京市节水农业的发展将呈现四大趋势，一是微灌和再生水的农业利用成为农业节水的重点；二是农业节水将更加依赖科技创新的支撑；三是农业高效节水将由单一工程节水向综合节水转变；四是农业节水管理将更加严格。

②近年来北京市农业节水主要工作重点围绕作物结构与布局调整、节水技术攻关、高效节水示范、节水技术与设备推广、管理节水试点以及农业水价改革开展。北京地区应用比较广泛的节水技术措施包括 4 种，即渠道防渗、低压管灌、

喷灌和微灌。目前，北京市节水农业基本形成了以滴灌、膜面集雨高效利用为代表的工程节水技术，以微灌施肥、有机培肥保墒、应用滴灌专用肥等为代表的农艺节水技术，以测墒灌溉、测土配方施肥为代表的管理节水技术，这些技术在各农业示范园区随处可见，实现了农业节水与农民增收双赢。

③经过 30 多年的探索与发展，北京市形成了水肥一体化、痕量灌溉、覆膜灌溉、无土栽培、集雨补灌、雨养旱作等一批适宜的农业节水模式。目前，北京市示范推广的水肥一体化技术主要包括：滴灌施肥、微灌施肥、微喷施肥、膜面集雨滴灌施肥和覆膜沟灌施肥等 5 套技术模式。痕量灌溉在生菜、茴香、黄瓜、番茄和桃等蔬菜和果树上都有应用示范。覆膜灌溉技术适用作物很多，尤其适用于棉花、玉米、蔬菜以及果树、生态林等。无土栽培技术具有节水、节肥、节土和生态、环保等特点。但同时面临投资大、技术水平和管理水平要求高等问题。

④经过多年的发展，北京市农业用水量逐年减少，用水结构不断优化；节水灌溉比重和用水效益不断提高，科技对节水农业的支撑作用愈加明显。北京市农业用水量从 2001 年的 17.4 亿 m^3 下降到 2017 年的 5.1 亿 m^3，减少了 12.3 亿 m^3，下降了 70.7%；同期，农业用水占全市用水的比例由 44.7% 下降为 12.9%，农业也由第一用水大户降至第三位。北京市通过工程、农艺和管理等多种节水措施，全市农业灌溉水利用系数逐年提高，由 2001 年的 0.55 提高到 2017 年的 0.732。由于用水量的持续减少，农业用水效益不断提高，从 2009 年的 188 元/m^3 增加到 2017 年的 571 元/m^3，增长了 3 倍。

⑤到 2020 年，北京市将实现"两田一园"雨养农业之外的灌溉农田高效节水设施全覆盖、全使用，更新改善高效节水灌溉面积 122 万亩，对 26 万亩苗圃灌溉设施更新改造，优先使用再生水或雨洪水。"两田一园"内机井全部安装计量设施，从按照用电量计费，变为按用水量计费，建立现代化的农业高效节水建设、管理、运营体系，在农业领域率先实现"以水定产、以水定业"。未来，微灌和再生水的利用将成为北京市农业节水的重点，且将更加依赖科技创新的支撑，节水模式将由单一工程节水向统筹设施、农艺、科技、机制等措施的综合节水转变，农业节水管理将更加严格。

⑥未来北京市节水农业的科技研发重点具体包括节水品种、高新技术在节水农业上的应用、节水模式、节水配套以及节水管理开展研究。北京市农业节水研

究具有雄厚的科研力量，未来北京市节水农业的科技研发重点将围绕节水品种选育，纳米技术、信息技术、生物技术等高新技术在农业节水上的应用研发，园艺作物节水栽培、设施农业精准灌溉、果树高效节水、草坪节水灌溉等节水模式研究，多水源调配技术与装备、主要农作物节水灌溉制度、种子保水丸粒化处理技术、节水设备等节水配套研究以及节水管理研究。

第四章 基于节水的北京市农业结构调整

我国区域水资源现状及用水结构差异较大，不同地区农业用水变化特征及影响因素具有明显差异。北京作为重度缺水的大城市，农业节水刻不容缓。影响北京农业用水的因素有很多，农业结构是其中之一。但国内对于通过调整农业结构达到节水目的的研究并不多见。本章拟基于节水的目的对北京农业结构调整方案进行研究，以期为北京农业水资源的合理配置和有效利用提供科学依据。

一、农业结构调整的理论基础

结构变化是农业系统自适应的一种对策，而结构调整，则是人类有目的地干预结构变化的过程，使农业系统结构按照人类的意愿而变化。要在科学的理论指导下进行农业结构调整，否则，会出现结构失调、结构失衡、结构扭曲、结构冲突、结构恶化等问题，适得其反。

（一）农业结构调整的相关理论

农业是一个自然再生产与经济再生产相交织的过程。其结构变化与调整，不仅受自然规律的影响，也受经济运行规律的影响。

1. 系统论

农业是一个加入了人工干预的生态系统。系统论认为，农业系统的功能由农业系统本身的结构所决定，结构又反作用于系统的功能，农业结构优化会改善农业系统的功能。从系统论来看，农业是一个巨大的社会经济（技术）自然复合生态系统，人是这个复合系统的调控者。其调控的方式是以社会经济系统为推动力，以农业生产技术为手段，以农业生态系统为转换器，实现农业复合系统的持续发展。农业生态系统具有自然调节和人工调节双重特征，在农业生态系统演化进程中，由自控系统向受控系统转变。

2. 木桶理论

"木桶理论"是美国著名管理学家、现代层级组织学的奠基人劳伦斯·彼得博士最先提出的。其核心思想是：一只木桶想要装满水，必须每块木板都一样平齐，并且没有破损；如果木板中有一块不齐或者有损坏，就无法装满水。也就是说，一只木桶能装多少水，并非取决于最长的木板，而是由最短的木板决定，故又称为"短板效应"。依据这一基本原理，"木桶理论"衍生出如下推论：木桶直径大小决定储水量；每块木板相同情况下，储水量还取决于木桶形状；最终储水量还取决于木桶的使用状态和相互间的配合；木桶提柄和深度与水的使用效率；木板厚度决定储水能力；木桶底面面积决定储水多少，等等。根据"木桶理论"，在水资源短缺的地区，水资源将会成为限制社会发展尤其是农业发展的短板。水资源量决定了农业的产出量，水资源的质量决定了农业产出品的质量，水资源的储备量或可更新能力决定了农业的发展能力。而且水资源短缺，不仅会影响农业等需水用水行业的发展，还会对生态环境和自然资源造成危害，从而不但制约我国国民经济的稳定健康发展，还会影响人类可持续发展。

3. 生态理论

自然再生产与经济再生产的相互交织是农业有别于其他产业的本质特征。经济再生产活动的参与并没有也不可能改变农业的自然内核。农业生产过程首先是一个自然再生产过程，由于人类对自然生态规律认识以及发挥作用的局限性，人类的劳动力与智能只能在适应自然运作规律的基础上，在边际上对农业给予适当的改造与强化，而不能随心所欲地改变生态系统的运作方式。另外，农业生态系统是开放的系统，其不断地与外部环境之间进行着复杂的物质、能量与信息的交换。环境影响着生物，生物也影响着环境，两者在共同的相互作用中完成农业生产的自然再生产过程。而且，农业生态系统中的许多生物之间通过食物的营养关系进行物质、能量与信息的交换，相互依存，相互制约。生物不断地利用和消耗环境资源，同时，又对环境资源进行补偿，从而保持农业生态系统的平衡。

4. 比较优势理论

大卫·李嘉图的相对比较优势理论，其后由瑞典经济学家伊莱·赫克歇尔和伯蒂尔·俄林进一步发展，总结成禀赋比较优势理论。比较优势主要体现在 2 个方面：一是比较成本优势，指在各国/各地具有相同的资源禀赋情况下，由于要素生产率或技术水平不同而引起的生产成本的相对差异所形成的优势；二是资源禀赋优势，它是指在技术不变的情况下由于不同国家/地区之间拥有的资源禀赋数量存在差异而产生的生产成本的相对差异所形成的优势。在许多情况下，成本优势和资源优势之间具有相互替代性。一方面，技术进步引起的要素生产率的提高可以弥补因要素资源短缺而造成的要素价格上升，从而降低生产成本实现比较成本优势；另一方面，相对低的技术水平和要素生产率造成的高成本可被要素资源的相对充裕和廉价所抵消。同时，比较优势是会发生变化的。比较成本优势和资源禀赋优势分别揭示了决定比较优势的技术差异因素和资源禀赋差异因素，并分别假定资源的拥有量不变和技术不变。而随着时间的推移，技术不断进步，要素生产率、资源的数量将发生变化。比较优势是上述因素综合作用的结果，因此，也会发生变化。比较优势理论是农业结构调整的重要理论依据，有利于寻找具有潜力的农业生产项目。就某一阶段而言，一国的农业结构调整必须以现有的资源为依据，结合经济理论，发展具有比较成本优势、资源禀赋优势的农产品，逐渐形成既可以发挥比较优势又有好的经济效益的农业结构。

由于各地客观上存在着农业自然资源（禀赋要素）和社会资源的差异性（不同丰裕程度），生产各种产品所需要素的比例不同，进而导致生产成本和产品价格的差异，由此产生各地不同产品比较优势的差异。依据比较优势理论，各地农业的优势产业应是那些投入要素（资源）相对丰裕的产业。如我国西北干旱少雨，水资源紧缺，高耗水的农业产业就不具备比较优势，而土地资源丰富，专业化规模化耐旱作物的种植则是其优势，如马铃薯生产；而南方地区，水热丰裕而同步，水稻生产则具有相对优势。

5. 技术进步与农业产业结构调整理论

技术进步对经济发展的促进作用表现在许多方面，尤以推动产业结构调整最为直接，最为突出。从根本上说，技术进步也是推动和实现农业结构调整的主要动力。第一，技术进步通过刺激需求结构变化，对农业结构调整产生诱导力量。随着收入水平的不断提高，人们对农产品优质化、多样化的消费需求越来越强，尤其对质量及安全的要求越来越高。农产品需求结构的变化，决定着农业结构必然会发生相应的调整。但是，一方面，农产品需求结构，无论是生产性需求还是生活性需求，都要受到农业技术条件和农业技术进步程度的制约；另一方面，农业技术进步可以创造和引领需求，改变消费者偏好。农产品需求结构变化对农业结构调整所产生的诱导力量，需要通过农业技术进步来传递和实现。第二，农业技术进步促进新兴农业生产部门的出现，改变农业结构。像无公害生产技术、反季节生产、贮藏、保鲜、包装技术以及转基因农业等的出现都源于技术进步。第三，农业技术进步通过改变农业内部各个生产部门之间的资本存量比例和增量配置，促进农业结构调整。第四，农业技术进步通过部门间的技术关联，影响农业结构调整。产业关联的核心是技术关联，某一部门的技术变化不仅会影响直接部门间的投入产出比，而且还会通过部门间的技术关联，将技术创新扩散到其他部门。对于需求收入弹性高的部门，技术创新和扩散会导致该部门的扩张；对于需求收入弹性低的部门，技术创新和扩散会引起该部门的收缩。这样，农业技术进步通过部门间的技术关联而使一些部门扩张，使另一些部门缩小，促成农业结构调整。

农业产业结构优化是指通过产业结构调整来实现各产业的协调发展，满足社会不断增长的物质需求，并推动农业产业结构向合理化、高级化和低碳化方向演进的过程。农业产业结构合理化是指农业各产业之间协调能力得到进一步加强和关联水平得到进一步提高，要求在一定的经济发展阶段上，根据消费需求和资源条件来理顺产业结构，使资源在产业间得到合理配置和有效利用。农业产业结构高级化是遵循农业产业结构演化规律，通过技术进步，使农业产业结构整体素质和效率向更高层次不断演进的趋势和过程，要求随着科学技术的进步，资源利用水平不断突破原有界限，从而不断推动产业结构向高级化方向演进。农业产业结构低碳化是指农业产业的高碳能源消耗不断降低，农业温室气体排放不断减少，农业碳汇水平不断提高的过程。农业产业结构调整不仅要求一、二、三产业之间的协调发展，而且要求农业内部的协调发展。农业内部如何实现协调发展，一则要求产品品种之间的协调；二则要求区域之间的协调；三则要求农业产业链之间的协调。

6. 可持续发展理论

可持续农业最初由美国提出，1988 年联合国粮农组织（FAO）制定了"持续农业生产对国际农业研究的要求"的文件。发展中国家农业持续性委员会给予持续性的解释是："一种能够满足人类需要而不破坏或甚至改善自然资源的农业系统的能力"。1989 年国际农业研究磋商小组（CGIAR）技术咨询委员会（ATC）定义为：成功地管理各种农业资源以满足不断变化的人类需求，保持或提高环境质量和保护自然资源。美国国会认为："可持续农业是一种可在长时期内适合各地应用的植物和动物生产的综合系统，它能够满足人类对食品和纤维的需要；提高环境质量和自然资源基础、不可再生资源和农场内部资源的最大利用；维持农户经营的活力；提高农民和整个社会的生活水平"。1991 年在荷兰召开的农业与环境会议上，联合国粮农组织确定了实现持续农业发展的 3 个战略目标：即积极增加粮食生产，合理利用、保护与改善自然资源，保护生态环境。生态效益、经济效益、社会效益相互统一、相互制约，共同构成了可持续农业的整体效益，这是农业可持续发展目标的综合体现。按照系统论观点，可持续农业与农村发展是一个多层次和多要素相互作用的复合系统，其核心是农业自然生态、经济和社会子系统的相互耦合、彼此协调。农业和农村发展的可持续性是生态、经济和社会可持续性等三重可持续性的统一和协调。总之，可持续农业须以 3 个效益相统一为前提，三大目标为根本归宿。农业可持续发展理论在国际上受到重视。农业可持续发展是一种长远、综合、科学、全面的农业发展战略，要求按照宏观思维，既注重农业资源的开发、利用，更要注重农业资源的持久保护；既注重当前的经济效益，更注重长远的社会效益和生态效益，从而实现农业的全面、协调、可持续的发展。

（二）农业结构调整的驱动力

农业结构调整的驱动力来自于目标、市场、资源与环境、技术进步与制度变迁等。一方面，北京农业与全国农业一样，面临着资源与环境、市场双重约束，这种压力形成了农业结构调整的强劲动力；另一方面，对于结构调整目标的定位，也形成了人工干预农业结构调整的核心动力。

1. 目标驱动

农业结构调整目标的确立，为农业结构调整行为指明了方向，为具体的调整制定了思路，从而为农业结构调整提供了驱动力。从农业结构调整的主体来讲，农业生产者（农民）和农业管理者（政府）对结构调整的目标是不同的。生产者进行农业结构调整的目标一般而言是追求利润的最大化，即投入产出比最大，增收最多；而政府进行农业结构调整的目标则是追求经济效益、社会效益、生态效益的协同，但在不同的时期，3 种效益又有不同的侧重。如在以粮为纲的年代，追求粮食产出最大、满足温饱的社会效益；在解决温饱之后，则追求经济效益最高，农民增收；在可持续发展的要求下，又突出对生态效益的追求。农业生产者和政府对于农业结构调整目标驱动力的不同，甚至是相互矛盾，制约了农业结构调整的顺利进行，也影响了农业结构调整目标的顺利实现以及实现的程度。但农民和政府对农业结构调整的目标也有一致性，这也是农业结构调整得以顺利实施的重要保障和前提。改革开放以来，"增加农民收入"成为我国农业结构调整的核心目标，从而也构成了我国农业结构调整的一个核心动力源和直接动力源。

此次北京市农业结构调整的核心目标是节水，而农民的目标仍然是"增收"，在结构调整的目标上，政府与农民又一次出现了矛盾。不解决好这一矛盾将影响此轮结构调整的顺利进行和目标实现。也正是因为这一矛盾的存在，也注定了此轮结构调整需要有更多的政府干预和推进。

2. 市场驱动

农业结构调整，必须摆脱"少了喊、多了砍"这种只注重农业生产本身而进行品种与面积的调整，要根据市场经济规律对农业资本结构、农业组织结构、相关农业政策进行综合设计，在此基础上进行农业生产结构调整。市场经济是靠资源合理配置的完全自由贸易，一方面，市场具有自我调节机制，必须坚持市场经济规律；另一方面，市场具有不确定性，结构调整势必存在一定风险。因此，在结构调整中，必须以市场为导向，按照因地制宜的原则，紧紧围绕区域优势主导产业进行结构的优化和调整，不断壮大产业发展规模，减小市场风险。

农业结构调整属于供给侧改革的范围。供给侧的调整既需要内生动力，也需要市场这支外生动力。供给侧的结构调整需要紧紧围绕市场需求，即便是在节水的约束条件下，也仍然需要满足市场需求，否则，结构调整将失去意义。

3. 要素驱动

自然资源是农业重要的生产要素。农业的自然属性决定了资源禀赋对其结构的形成与维持影响很大。资源约束是农业结构调整的内生动力。各地的农业资源禀赋不同，绝大多数情况下，农业结构调整的要素驱动力来自于最紧缺的那个要素。北京农业的水土资源都十分紧缺，但随着科技的发展，土地资源在某种程度上已具有一定的替代性，如无土栽培和立体栽培技术使小规模的农业生产脱离了土地资源的限制，使一些非农业生产空间得到利用，如楼宇、阳台等。但水资源则无可替代，而且其稀缺程度呈加剧态势。因此，要素驱动决定了农业结构，一方面要尽可能节约稀缺要素；另一方面则要尽可能多地利用充裕的要素。

4. 环境驱动

农业是一个自然再生产与经济再生产相交织的产业，是与环境关系最为密切的产业。农业本身是一个生态产业，既有生态正效应，也有生态负效应。不当的农业生产方式或农业结构，会对环境造成破坏，影响生态平衡。如生态脆弱区的过度放牧，会造成草场退化，水土流失；单一种植模式会对每一资源要素造成过度消耗；种养结构不平衡时，要么是畜禽粪便不足，导致地力得不到培肥；要么是畜禽粪便超出土地承载力，最终造成地下水污染。农业的自然属性决定了在农业结构调整的过程中，必须充分考虑环境承载能力。随着生态文明程度和环保要求的提高，环境约束将成为农业结构调整越来越重要的驱动力。

（三）农业结构调整的方式

因为农业是一个开放的生态系统，所以，在结构调整上不存在自我调节的可能性和条件。了解了农业结构调整的驱动力，但如何进行农业结构调整，即农业结构调整的方式也至关重要。从以上农业结构调整的驱动力和实践中农业结构调整的发展历程来看，我国及北京市农业结构调整的方式主要有 3 种：人为干预，市场调节，人为干预和市场调节相结合。

1. 人为干预

能对农业结构调整进行干预、而且也有能力进行干预的只有政府。政府对农业结构调整进行干预的驱动力来自于对目标的追求，如提高农业的整体素质和效益、增加农民收入等。如在"以粮为纲"的阶段，政府积极推进粮食生产，开垦草原、荒滩等，只为增加粮食种植面积；在温饱问题解决之后，大力发展养殖业和蔬菜产业，为的是丰富居民的菜篮子。从理论上讲，政府干预是市场调节手段失灵的重要补充，但从农业结构调整的发展历程来看，却是主要手段。出现这种现象有 2 个主要原因：一是因为农业在国民经济中具有重要的基础地位和战略地位，是稳定社会和保民生的基础产业，尤其是在农业产品供应不足的年代，不容出现闪失；二是 20 世纪 90 年代我国才开始发展市场经济，但直到 20 世纪末支撑农业的市场制度也未完全形成。因此，政府干预农业结构调整也成为必然，而且也几乎是唯一可选的方式。政府干预的好处是可以调动政策、资金、物资等方面的资源，保证结构调整的目标实现。但政府干预也有失灵的时候，尤其是与市场发育规律与需求不相符时，就会出现结构调整的盲目性。

2. 市场调节

市场调节是市场经济中进行产业结构调整的主要手段。供求平衡是市场经济的自然规律，供求关系的变化导致产品价值与价格发生波动，从而引导供方的结构调整。从我国确立市场经济以来，经过 20 多年的发展，农业已成为市场化程度较高的产业，市场对农业资源的配置作用、对农业结构调整的推动作用也越来越强。市场是农业生产和农产品价值得以最终实现的关键。目前，农产品的消费群体对农产品的市场选择性越来越大，要求越来越高。因此，以市场为导向进行农业结构调整是必须遵循的经济规律。农业的经济属性决定了农业产业结构调整，应根据市场供求机制、竞争机制、价格机制的变动不断地调整、修正，以保证农业生产能够适应市场需求。

3. 人为干预与市场调节相结合

不管是人为干预还是市场调节都存在着失灵的问题。现阶段，随着市场经济不断发育，资源与环境问题、农民增收压力等问题也越发突出，单靠政府或市场任何一方进行结构调整都无法实现多重目标。市场调节只是经济杠杆在起作用，在资源与环境无法转化为市场价值时，资源与环境的约束对农业结构调整产生的驱动力就难以起效。因此，即便是市场经济发育成熟的阶段，政府的调控职能不仅不能削弱，反而需要进一步加强。政府一方面可以出台约束政策，保护资源与环境；另一方面，也可以引导资源与环境价值货币化，从而撬动市场调节的杠杆。只有将两者有机结合起来，发挥协同作用，才能有效地推进农业结构调整。

在政府干预与市场调节相结合的机制中，政府主要起到宏观调控的作用，而起主要作用的仍然是市场调节机制。

二、北京市农业结构及对用水量的影响

农业结构是指农业中各生产部门或各生产种类所占的比重及其相互关系，也称农业产业结构。农业结构按照划分标准的不同，可以有不同层次。第一层次是种植业、林业、畜牧业、渔业等各生产部门在农业中所占的比重及其相互关系。第二层次是种植业、畜牧业、林业、渔业等各生产部门内部按生产种类划分的各种生产所占的比重及其相互关系。一般来说，种植业、畜牧业与林业的比例，是农业生产结构的基本问题，但某些农作物生产种类结构的比例调整，也可以成为关系某个地区经济乃至整个国民经济发展的重要问题，如在温饱阶段，粮食在种植业结构中的占比即与国计民生密切相关。

（一）北京市农业结构的变化

1. 北京市农业结构的演变历程

农业在北京经济社会发展中具有重要的战略地位。中央对首都"四个服务"的职能定位，也决定了农业服务于城市发展的基本定位。随着农业发展阶段的不断推进，农业结构也在不断地变化。自 1958 年以来，从农业内部各产业产值所占比重的变化来看，北京市农业结构的变化大概经历了以下 3 个阶段。

第一个阶段：20 世纪 50 年代至 1987 年，一元结构阶段。在这一阶段，首都农业的基本任务是解决温饱问题，目标是追求数量上的增长，装满"米袋子""菜篮子"。这一阶段"以粮为纲"的方针，造成了农业的"一元结构"，即种植业"一业独大"，而种植业中"粮食独大"的局面。种植业产值在农业总产值中所占比重高达90%。该阶段的农业结构调整其实是种植业结构调整，主要围绕种植制度的改革而进行。从三种三收到两茬平播，小麦的占地面积不断扩大，粮食总产量逐步提高。与此同时，与增产相关的投入也不断增加，化肥、农药的用量直线上升，地膜也开始大量使用。农业产量的提高也伴随着农业用水的增加，在这一阶段的 20 世纪 80 年代，北京市开始推广节水技术，如地下管灌、渠道衬砌、喷灌等；为了节水甚至基本退出了水稻生产。该阶段的农业结构调整主要是政府这一只手在起作用。

第二阶段：1988—2004 年，二元结构阶段。因为产量的增加和购销体制的弊端，在 20 世纪 90 年代初期出现了"卖粮难"现象，国务院发布了《关于发展高产优质高效农业的决定》（国发〔1992〕56 号），北京市农业的生产方针也由原来的"稳定面积、主攻单产、增加总产"转变为"调整结构、提高质量、主攻单产、增加效益"。把"面向市场调结构、扩大规模求效益、优化品种上档次、主攻单产保供需"作为农业发展目标，加快了由计划经济向市场经济的转变。该阶段的农业结构调整除了政府这只手外，开始发挥市场的调节作用。在这一阶段，为提高农民收益，北京市开始大力发展畜牧业，农业结构由一元转变为二元结构。这一阶段农业结构调整的特征是畜牧业产值在农业产值中的比重不断上升，甚至于 2001 年超过了种植业的比重，两者并驾齐驱。在种植业内部，粮食比重减小，经济作物比重增加，果品产业发展很快。为促进畜牧业的发展，大力推广饲草种植，面积一度达到 26 万亩。

第三阶段：2005 年至今，多元结构阶段。以《关于加快发展都市型现代农业的指导意见》（京政农发〔2005〕66 号）的发布为标志，北京市由城郊型农业进入了都市型现代农业发展阶段。该阶段的主要特征是产业融合加剧，北京全面调整和开发农业的多种功能，与多功能相适应，北京市农业结构呈现出多元化。在这个阶段，提出了大力开发农业的生产、生态、生活和示范四种功能，发展籽种农业、循环农业、休闲农业和科技农业。沟域经济、水岸经济的发展和百万亩造林揭开了北京农业生态建设的新篇章。在休闲农业与设施农业快速发展的同时，许多新型产业也不断涌现，如会展农业、创意农业、城市农业、农业服务业等。新型产业与种养业形成了多元结构。在这一阶段，北京市的水资源紧缺形势进一步加剧，成为制约农业发展的瓶颈，为此，北京市出台了《关于调结构转方式　发展高效节水农业的意见》（京发〔2014〕16 号），以节水为主要目标拉开了新一轮农业结构调整的序幕。

2. 北京市农业产业结构的变化

北京市农业产业结构的变化仍然用农业中各产业产值在农业总产值中的比重来表示产业结构，重点分析改革开放（1978 年）以来北京市农业产业结构的演变趋势（图 4-1）。

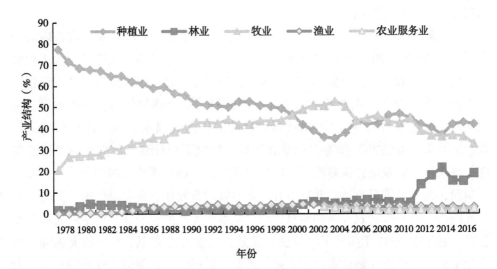

图 4-1　1978—2017 年北京市农业产值结构变化

1978—2011 年，北京市农业产业结构一直呈"种养二元结构"的特征，种养业占据绝对优势，二业比重曾高达 98.4%。但种植业比重基本呈下降态势，而养殖业则基本呈上升趋势，至 2000 年时，二业比重平分秋色，各占 46%。此后，养殖业占比超过了种植业。在这一阶段，渔业和林业占比处于绝对劣势，两者占比之和均不超 10%。从 2012 年北京市开展百万亩造林开始，林业产值比重开始大幅上升，北京农业产业结构逐步呈现出"农林牧三元结构"特征；在这一阶段，迫于生态环境压力，北京市出台了限养与禁养令，畜牧业比重逐步下降。

3. 北京种植业结构的变化分析

种植业结构通常用各种作物的播种面积占比来表示。从图 4-2 可以看出，粮食作物一直是种植业的重头戏，从 1978—2000 年，粮食作物的播种面积在种植业中所占比重一直保持在 80% 上下；2000—2005 年有一个明显的波动，先是迅速下降，随后又快速回升到 70% 左右的占比水平；近两三年所占比重又有小幅下降；粮食作物占比最小的年份是 2003 年，占比为 46.8%。蔬菜及食用菌的播种面积与粮食作物呈现此消彼长的趋势，2000 年之前，蔬菜及食用菌播种面积呈缓慢上升趋势，22 年间占比从 8.1% 上升到了 17.5%，上升了 9.4 个百分点；

2000—2005 年出现了一个快速增长与迅速下降的现象，占比最高时为 2003 年，达到了 35.9%；之后一直维持在 20%~30% 的占比水平，近几年有小幅上升的趋势。

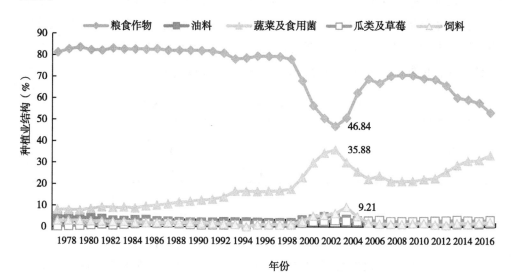

图 4-2　1978—2017 年北京市种植业结构变化

饲料的播种面积占比在 2000 年之前一直不超过 3%，2000—2005 年，出现小幅上涨，2004 年达到最高，占比为 9.2%，之后回落到 2% 左右的比重。瓜类与草莓的发展趋势与饲料相似。油料作物占比一直呈现缓慢下降趋势，由 1978 年的 4.8% 下降至 2000 年之前的 1.9%，2000—2005 年也有一次波动，最高占比恢复至 4.8%，之后不断回落，已降至 1% 的水平。

如果把油料、瓜类和草莓、饲料、其他作物归为经济作物的话，种植业呈现粮菜经三元结构，且粮菜占据绝对比重，高达 80%~96%。2000—2005 年在北京市推进以压粮为主要措施的结构调整期间，粮食播种面积及占比下降，菜和其他作物播种面积及占比上升，之后回归到正常的涨落水平。可见，以政府为驱动力的结构调整确实可以在短期内取得调整的效果，但脱离了以市场为导向的驱动，在政府这支驱动力撤出时，结构调整将趋于"反弹"。这也是新一轮结构调整中需要注意的问题。

4. 北京市养殖业结构的变化分析

养殖业结构是指各种动物在养殖总规模中的比例关系。但由于各种动物的体重、需水量等各不相同，需要将不同的动物折算成标准畜，才可以进行比较或加总。标准畜是指以某种牲畜为标准，将其他各种牲畜按一定系数折合为该种牲畜。国际上通常以牛、羊为标准牲畜。在中国，有时也将猪作为标准单位。由于折算目的、折算依据不同，折算系数也不一（表 4-1）。

表 4-1　基于用水量的标准畜（羊）折算系数

	大牲畜	猪	羊	家禽
存栏	8	2	0.5	0.8
出栏	2	4	1	0.1

根据《北京市主要行业用水定额》（北京市节约用水办公室，2001 年）中各畜禽的用水定额和饲养周期（表 4-2），以羊为标准畜单位，不同畜禽的折算系数如表 4-1。其中，大牲畜存栏主要是奶牛，存栏周期为 365 天，成长系数为 0.75；大牲畜出栏主要是肉牛，出栏周期为 90 天；每日每头用水 40L。家禽存栏主要是蛋鸡，饲养周期为 365 天，成长系数为 0.5；家禽出栏主要是肉鸡和肉鸭，出栏周期为 50 天；家禽每日每只用水 4L。猪的存栏周期为 180 天，成长系数为 0.5，出栏周期也为 180 天；每日每头用水 40L。羊的出栏周期为 300 天，成长系数为 0.75，每日每头用水 8L。

表 4-2　畜禽用水量计算相关参数

	大牲畜	猪	羊	家禽
日需水量（L/头或只）	40	40	8	4
存栏周期（天）	365	180	300	365
成长系数	0.75	0.5	0.75	0.8
出栏周期（天）	90	180	300	50

从基于用水量的标准畜（标准羊）来看（图 4-3），自 1978 年以来，家禽与猪在养殖业占据绝对比重，达 85%～95%。羊与牛的占比较小，且变化不大，

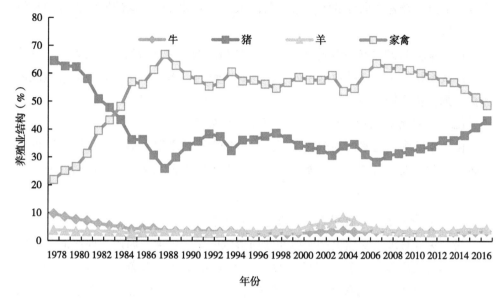

图 4-3　1978—2017 年基于用水量的养殖业结构变化

1990 年以后基本保持不变，在养殖业中所占比重不足 10%。变化较大的是猪和家禽，1983 年以前，猪的占比较大，达 60% 以上，但一直呈下降趋势，至 1988 年降至最低点，23.2%；此后一直徘徊在 27%~37%。家禽的占比与猪正好相反，1988 年之前一直呈上升趋势，至 1988 年达到最高点（70.7%），此后一直保持在 56%~67%。猪和家禽的占比从 1978 年以来一直呈现出此消彼长的趋势。

（二）农业结构对农业用水量的影响

农业结构可以有多种表示方法，如产量结构、产值结构等。本研究将研究产量结构和产值结构对农业用水量的影响。由于种植业对农业用水量影响较大，单独对种植业中各种作物的播种面积对农业用水量的影响作详细分析。

1. 研究方法

灰色关联度分析法是将研究对象及影响因素的因子值视为一条线上的点，与待识别对象及影响因素的因子值所绘制的曲线进行比较，比较它们之间的贴近度，并分别量化，计算出研究对象与待识别对象各影响因素之间的贴近程度的关联度，通过比较各关联度的大小来判断待识别对象对研究对象的影响程度。具体计算方法如下。

（1）确定反映系统行为特征的参考数列和影响系统行为的比较数列

反映系统行为特征的数据序列，称为参考数列。影响系统行为的因素组成的数据序列，称比较数列。

（2）对参考数列和比较数列进行无量纲化处理

由于系统中各因素的物理意义不同，导致数据的量纲也不一定相同，不便于比较。因此，在进行灰色关联度分析时，一般都要进行无量纲化的数据处理。

$$x'i(k) = xi(k) / (\overline{xi})$$

（3）求参考数列与比较数列的灰色关联系数

所谓关联程度，实质上是曲线间几何形状的差别程度。因此，曲线间差值大小，可作为关联程度的衡量尺度。对于一个参考数列 X_0 有若干个比较数列 X_1，$X_2 \cdots X_n$，各比较数列与参考数列在各个时刻（即曲线中的各点）的关联系数 ξ（X_i）可由下列公式算出：

$$\xi i(k) = \frac{\min_i \min_k \Delta i(k) + \rho \max_i \max_k \Delta i(k)}{\Delta i(k) + \rho \max_k \max_k \Delta i(k)}$$

其中，ρ 为分辨系数，一般在 0~1 之间，通常取 0.5。

Δi（k）为各比较数列 X_i 曲线上的每一个点与参考数列 X_0 曲线上的每一个点的绝对差值。

$$\Delta i(k) = | x'0(k) - x'i(k) |$$

（4）求关联度

因为关联系数是比较数列与参考数列在各个时刻（即曲线中的各点）的关联程度值，所以，它的数不止一个，而信息过于分散不便于进行整体性比较。因此，有必要将各个时刻（即曲线中的各点）的关联系数集中为一个值，即求其平均值，作为比较数列与参考数列间关联程度的数量表示，关联度公式如下：

$$ri = \frac{1}{N} \sum_{k=1}^{N} \xi i(k)$$

ri 为比较数列 xi 对参考数列 x_0 的灰色关联度。ri 值越接近 1，说明相关性越好。

（5）关联度排序

因素间的关联程度，主要是用关联度的大小次序描述，而不仅是关联度的大小。将 m 个子序列对同一母序列的关联度按大小顺序排列起来，便组成了关联序，记为 {x}，它反映了对于母序列来说各子序列的"优劣"关系。

2. 结果与分析

（1）农业产量与农业用水关联度分析

表4-3结果显示，农业用水与农业产量关联度的大小次序为：蔬菜及食用菌产量>肉类产量>干鲜果品产量>牛奶产量>水产品产量>粮食产量>油料产量>禽蛋产量。表明，蔬菜、肉类、干鲜果（主要是鲜果）等产量与农业用水关系最为密切，粮食、油料和禽蛋产量影响相对较小。

表4-3 农业产量与农业用水的灰色关联分析

年份	农业用水（亿 m³）	农产品产量（万 t）							
		粮食	油料	蔬菜及食用菌	干鲜果品	牛奶	肉类	禽蛋	水产品
2001	17.4	104.9	4.3	491.0	71.9	42.9	55.9	15.6	7.4
2002	15.5	82.3	4.6	507.4	78.7	55.1	60.9	15.2	7.4
2003	13.8	58.0	3.3	486.7	84.1	63.3	60.6	16.2	7.1
2004	13.5	70.2	2.9	444.1	90.9	70.0	57.4	15.9	6.7
2005	13.2	94.9	2.5	373.1	93.9	64.2	53.3	16	6.4
2006	12.8	109.2	2.2	341.2	88.7	61.9	45.3	15.2	5.4
2007	12.4	102.1	2.2	340.1	91.1	62.2	47.9	15.6	6
2008	12.0	125.5	2.2	321.3	89.8	66.4	45.1	15.2	6.1
2009	12.0	124.8	1.8	317.1	90.3	67.4	47.2	15.4	5.8
2010	11.4	115.7	1.6	303.0	85.4	64.1	46.3	15.1	6.3
2011	10.9	121.8	1.4	296.9	87.8	64.0	44.4	15.1	6.1
2012	9.3	113.8	1.3	279.9	84.3	65.1	43.2	15.2	6.4
2013	9.1	96.1	1.0	266.2	79.5	61.5	41.8	17.5	6.4
2014	8.2	63.9	0.7	236.2	74.5	59.5	39.3	19.65	6.8
2015	6.5	62.6	0.6	205.1	71.4	57.2	36.4	19.6	8.2
2016	6.1	53.7	0.6	183.6	66.1	45.7	30.4	18.3	5.4

年份	农业用水（亿 m³）	农产品产量（万 t）							
		粮食	油料	蔬菜及食用菌	干鲜果品	牛奶	肉类	禽蛋	水产品
2017	5.1	41.1	0.5	156.8	61.1	37.4	26.4	15.7	4.5
关联度		0.6979	0.6779	0.8667	0.7637	0.7331	0.8341	0.6456	0.6987
排序		6	7	1	3	4	2	8	5

（2）农业产值与农业用水关联度分析

表4-4结果显示，农业用水与农业各产值关联度的大小次序为：牧业总产值>渔业总产值>种植业总产值>林业总产值。表明，牧业和渔业产值与农业用水关系较为紧密，从产值角度考虑应当适当加大牧业和渔业的规模。

表 4-4　农业用水与农业产值结构的灰色关联度分析

年份	农业用水（亿 m³）	产值（亿元）			
		种植业	林业	牧业	渔业
2001	17.4	84.7	9.0	99.3	9.2
2002	15.5	83.5	11.9	108.6	9.5
2003	13.8	80.9	12.3	114.3	9.3
2004	13.5	83.1	11.4	124.3	8.9
2005	13.2	91.0	12.4	120.8	8.7
2006	12.8	104.5	14.8	105.1	9.8
2007	12.4	115.5	17.8	122.4	10.1
2008	12.0	128.1	20.5	140.5	9.8
2009	12.0	146.1	17.2	136.1	10.3
2010	11.4	154.2	16.8	139.6	11.5
2011	10.9	163.4	18.9	162.7	11.5
2012	9.3	166.3	54.8	154.2	13
2013	9.1	170.4	75.9	154.8	12.8
2014	8.2	155.1	90.7	152.7	13.2
2015	6.5	154.5	57.3	135.9	11.9

（续表）

年份	农业用水 （亿 m³）	产值（亿元）			
		种植业	林业	牧业	渔业
2016	6.1	145.2	52.2	122.7	9.2
2017	5.1	129.8	58.8	101.4	9.6
关联度		0.7627	0.5671	0.8174	0.8094
排序		3	4	1	2

（3）种植业规模与农业用水关联度分析

表4-5结果表明，农业用水与作物播种面积关联度的大小次序为：瓜类及草莓播种面积>蔬菜及食用菌播种面积>粮食作物播种面积>油料作物播种面积>饲草播种面积。表明瓜类和蔬菜播种面积与农业用水关系最为密切，从结构调整的角度来看，减少瓜类和蔬菜面积对减少农业用水的效果最为突出。

表4-5　种植业规模与农业用水的灰色关联分析

年份	农业用水 （亿 m³）	播种面积（万 hm²）				
		粮食作物	油料作物	蔬菜及 食用菌	瓜类及草莓	饲草
2001	17.4	21.4	1.4	11.3	0.9	1.9
2002	15.5	16.9	1.6	11.5	0.9	1.8
2003	13.8	14.1	1.4	10.8	0.9	1.9
2004	13.5	15.4	1.1	9.1	0.8	2.8
2005	13.2	19.2	0.9	7.9	0.8	1.5
2006	12.8	22.0	0.7	7.1	0.9	0.6
2007	12.4	19.7	0.7	7.0	0.9	0.4
2008	12.0	22.6	0.7	6.8	0.8	0.4
2009	12.0	22.6	0.6	6.8	0.8	0.5
2010	11.4	22.3	0.5	6.8	0.8	0.5
2011	10.9	20.9	0.5	6.7	0.8	0.5
2012	9.3	19.4	0.5	6.4	0.8	0.3
2013	9.1	15.9	0.3	6.2	0.7	0.2

（续表）

年份	农业用水（亿 m³）	播种面积（万 hm²）				
		粮食作物	油料作物	蔬菜及食用菌	瓜类及草莓	饲草
2014	8.2	12.0	0.3	5.7	0.6	0.3
2015	6.5	10.4	0.2	5.4	0.5	0.2
2016	6.1	8.7	0.2	4.7	0.4	0.3
2017	5.1	6.7	0.2	4.2	0.4	0.3
关联度		0.859 9	0.804 4	0.914 4	0.923 2	0.668 8
排序		3	4	2	1	5

三、基于节水的农业结构调整的思路

（一）结构调整的原则与目标

合理的农业结构至少要有利于满足以下要求：一是充分合理地利用各种自然资源，符合当地的农业资源与生产条件的实际发展水平，不能超越条件与阶段性；二是满足当前阶段的社会需求（包括物质需求和精神需求，但一般情况下仅指物质需求），能够不断适应市场供求、价格以及生产条件、科学技术的变化以及求得最大效益，同时，兼顾社会效益与生态效益；三是各业之间以及组成成分之间要相互协调，并使资源、资金、技术与劳动力等诸要素趋于最优组合。这些要求在不同地区和经济发展的不同时期有不同重点，因此，结构调整的目标在不同地区和不同时期亦不相同。

1. 农业结构调整的原则

总体而言，农业结构调整要遵循以下原则。

①三效益统一的原则。农业生产既有社会效益，也有生态效益和经济效益。满足人类对农产品种类和数量等的社会需求是农业生产的基本功能和目标，社会需求不但是多元的，而且具有层次性，合理的农业结构应能基本满足社会需求；农业的自然属性决定了农业生产对生态环境的影响，农业生产对生态环境既有正

效应也有负效应，合理的农业结构能够使生态效益达到最优；在市场经济下，经济效益的高低决定了农业结构调整方案的可行性，合理的农业结构应具有较好的经济效益。但这3种效益在很多时候是有冲突的，不可偏废。在不同的时期，对3种效益追求的重点会有所不同。而合理的农业结构要在满足重点效益的前提下，应能够使3种效益协调统一。

②动态调整的原则。农业结构与布局不是一成不变的，要随着社会需求的变化而变化。社会需求的变化是动态的，要求农业功能随之而变；而农业功能的改变要通过结构调整来实现。农业结构的现实可行性还与生产条件、投入水平、技术水平相关，因此，农业结构还需要随生产条件、投入水平和技术水平的变化而不断调整和优化。

2. 农业结构调整的目标

在前述农业结构调整的目标驱动中谈到了此次农业结构调整的政府目标是节水，农民目标是增收，两者存在着差异。但这只是表面现象。在现阶段，水资源成为制约北京农业的瓶颈因素，而且这种约束日益趋紧，因此，节水是当前农业结构调整要考虑的首要因素。是"首要因素"但并不等于是"首要目标"。如果目标是节水，那么最极端的做法就是不发展农业，容易误导社会认知或政府决策者，形成"消灭农业"的思潮。节水是约束条件，但不是目标。农业生产的主要目标是提供农产品，这也是农业生产的基本功能。在北京的降水条件下，除非完全靠天吃饭，否则，农业生产必须灌溉。因此，在水资源短缺时，要用少量的水或是定量的水产出尽可能多的农产品或经济效益最高，才是农业结构调整的真正目标，即节水约束下的经济产出最大化。在这一目标上，政府与农民可取得一致。

（二）结构调整的方法

农业结构调整的研究方法主要有生态适应性分析法、生物节奏与季节节奏平行分析法、相似分析法、成本收益分析法、相关分析法、作物生态适应性回归法、决策指数法、线性规划方法等。而对于多目标决策，多采用线性规划的方法。

线性规划是运筹学的分支，属于应用数学的范畴，是用来解决经济管理、生产、科研等活动中的最优化问题的一种数学方法。研究在变量约束条件下的最优化问题，即求一组非负变量 X_j（$j=1$，$2\cdots$）在满足一组条件（线性等式或不等式）下，使一组线性函数取得最大值或最小值。线性规划有三个要素：

①每一问题都用一组未知数 x_1，$x_2\cdots x_n$ 表示某一方案，这组未知数的一组定值就代表一具体方案。通常要求 x_i 非负。

②存在一定的限制条件（约束条件），约束条件为线性等式或不等式。

③都有一个表示问题最优化指标的目标函数。目标函数为线性函数。线性规划问题数学模型的一般形式为：

求一组变量 x_j（$j=1$，$2\cdots n$）的值，满足约束条件：

$$\begin{cases} a_{11}x_1 + a_{12}x_2 + \cdots + a_{1n}x_n \leq b_1(\text{或} \geq b_1, \text{或} = b_1) \\ a_{21}x_1 + a_{22}x_2 + \cdots + a_{2n}x_n \leq b_2(\text{或} \geq b_2, \text{或} = b_2) \\ \cdots\cdots\cdots\cdots\cdots\cdots\cdots\cdots\cdots\cdots\cdots\cdots\cdots\cdots\cdots\cdots\cdots\cdots\cdots \\ a_{m1}x_1 + a_{m2}x_2 + \cdots + a_{mn}x_n \leq b_m(\text{或} \geq b_m, \text{或} = b_m) \end{cases} \tag{1}$$

$$x_j \geq 0(j=1, 2\cdots n) \tag{2}$$

并使目标函数 $S = c_1x_1 + c_2x_2 + \cdots + c_nx_n$ 的值最小（最大）。

缩写为：求 x_j（$j=1$，$2\cdots n$），满足

$$\sum_{j=1}^{n} a_{ij}x_j \leq b_i \qquad (i=1, 2\cdots m) \tag{1}$$

$$x_j \geq 0 \qquad (j=1, 2\cdots n) \tag{2}$$

且使 $S = \sum_{j=1}^{n} c_jx_j$ 最大（最小）

（三）未来农业内部用水结构及用量

北京市在《关于调结构转方式　发展高效节水农业的意见》（京发〔2014〕16 号）中和《北京市"十三五"时期都市现代农业发展规划》中都提出了 2020 年农业用水目标为 5 亿 m^3，但并没有确定 5 亿 m^3 农业用水在农业内部的分配情况。基于用水总量对农业结构调整进行研究，就需要首先确定未来农业内部各业的用水量。本研究以 2004—2016 年农业中各业用水占比的平均值为未来农业内部各业的用水占比，以此确定种植业、养殖业、渔业、林业各业的用水量。

从表 4-6 可知，2004—2016 年种植业、林业、畜牧业、渔业的平均用水占比分别为 78.0%、7.0%、8.6%、6.4%，则"十三五"期间其相应的用水量应为 3.90 亿 m³、0.35 亿 m³、0.43 亿 m³、0.32 亿 m³。

表 4-6　"十三五"期间北京市农业各业用水量

	种植业	林业	畜牧业	渔业	合计
用水占比（%）	78.0	7.0	8.6	6.4	100
用水量（亿 m³）	3.90	0.35	0.43	0.32	5.0

四、基于节水的种植业结构调整

种植业结构调整实质上是作物布局问题，是指不同类型作物的比例结构和空间配置。作物布局受作物的生态适应性、气候、土壤等自然条件以及科学技术水平、社会需要和市场价格等社会经济条件的制约。作物布局，首先要服从农业生产的目标，其次决定于自然资源禀赋的丰度与社会经济条件的可能性。

（一）种植业结构调整的原则

种植业结构调整除遵循农业结构调整的两大原则外，还要遵循以下基本原则：

因地制宜的原则：即作物布局要服从作物生态适应性①，要根据不同地域的资源禀赋条件（如地形地貌、光、温、水、土壤、风、生物等）安排作物生产。生态适宜是作物布局的基础，根据当地的生态条件和作物的生态适应性实行因地种植，可以实现对资源的最优利用以及稳产、高产。

技术成熟性原则：农业新技术具有较大的变异性和不稳定性，在选择新品种时要分析种植技术的可靠性、成熟性和稳定性。

资源约束原则：与养殖业或渔业相比，种植业受农业自然资源的影响较大。

---

① 作物的生态适应性：是指农作物的生物学特性及其对生态条件的要求与当地实际外界环境相适应（吻合）的程度；是作物在长期进化过程中形成的生物种的系统特性，是长期的自然和人工选择结果

根据木桶原理，种植业规模取决于丰度最小的那个资源的总量，以该资源的充分利用为最好。

最低保有量原则：农业具有应急保障功能，对于大城市尤其如此。对于北京而言，粮田有耕地红线，而蔬菜也要保障一定的自给率。这些都需要在种植业结构调整中予以考虑。

（二）主要作物的需水规律与灌溉量

由于种植业中作物种类繁多，其需水量各不相同，为简便起见，本研究中种植业结构仅分为粮、菜、果三类，并分别选择代表性作物或种植制度，以确定其需水量与灌溉需水量。

粮食作物：根据北京市的生产实际，水稻因耗水量大而基本退出商品生产，仅有少量种植，作为农业文化传承而存在，因此，在结构调整中不予考虑；大豆种植面积很小，且与夏玉米或春甘薯同步，因此，不单独考虑。故，本研究中选择冬小麦—夏玉米两熟、春玉米或春甘薯为粮食作物的主要种植制度。

蔬菜作物：设施作物以西红柿为代表作物，露地蔬菜以大白菜为代表作物。

果树：仅考虑鲜果树，以苹果为代表果树。

根据黄晶（2013年）的研究成果，北京市主要作物需水量与灌溉需水量，见表4-7。

表4-7 北京市主要作物需水量与灌溉需水量

类别	作物	需水量（mm）	有效降水（mm）	灌溉需水（mm）	灌溉需水（m³）
粮食	冬小麦	480.7	115.6	365.1	243.4
	夏玉米	324.9	224.5	100.4	66.9
	春玉米	409.3	273.2	136.1	90.7
蔬菜	露地番茄	296.7	130.7	165.9	110.6
	露地大白菜	201.5	97.4	104.1	69.4
果树	苹果	948.4	386.9	561.5	374.3

注：表中需水量、有效降水、灌溉需水量的统计范围均为每种作物的全生育期，且为1990—2010年的平均值

（三）约束条件与目标

1. 种植业用水总量

如前所述，种植业用水总量为 3.90 亿 m³。

2. 菜田面积最低保有量

大城市农业须具备鲜活农产品应急保障的功能，尤其是保证一定的蔬菜自给率。根据北京市农业"十三五"规划，2020 年本市自产蔬菜自给率应不低于35%。根据本人 2014 年北京市农林科学院科技创新能力课题《基于生产的北京蔬菜自给能力研究》的成果，预测 2020 年北京市人口 2 500 万人；蔬菜耕地面积单产水平以 2009—2013 年平均值为准，即 7 114kg/亩；人均年蔬菜消费量为490kg（含中间损耗 15%）。据此，可以计算出，菜田面积应不少于 60 万亩。其中，预计设施农业面积不会有较大增长，保持在 30 万亩。

3. 主要作物亩产值

据《全国农产品成本收益资料汇编 2015》，冬小麦亩产值（没有北京数据，以 2014 年[①]河北数据代替）1 158.72元/亩，玉米为 1 133.34元/亩，则麦玉两熟的亩产值为 2 292元/亩。

北京市 2014 年设施番茄为 12 003.14元/亩，露地大白菜 2 318.31元/亩。假设全年均收获两茬（不同蔬菜种类，但产值相同），则设施蔬菜亩产值为 24 006元/亩，露地蔬菜亩产值为 4 636元/亩。

北京市果树亩产值取 2014 年苹果亩产值数据，即 13 164.45元/亩。

4. 种植业耕地面积

根据京发〔2014〕16 号文件，未来北京市种植业空间控制在 250 万亩，即粮田 80 万亩+菜田 70 万亩+果园 100 万亩＝250 万亩。北京市设施蔬菜面积已达30 万亩，未来不再增加。

---

① 本研究以《关于调结构转方式发展高效节水农业的意见》（京发〔2014〕16 号）的发布年为基期年

5. 目标

种植业经济产出最大化。

(四) 方案设计与线性规划方程

1. 作物灌溉需水量方案

如上所述，在常年降水条件下的作物灌溉需水量，麦玉两熟为 310.3m³/亩（全年），春玉米为 90.7m³/亩（全年一熟），设施蔬菜为 593.4m³/亩（全年两茬），露地蔬菜为 138.8m³/亩（全年两茬），果树为 374.3m³/亩。

根据不同灌溉量，设计了 3 种方案（表 4-8）。方案 1 中的灌溉水量是基于常年降水条件下的作物实际需水量；方案 2 中的灌溉水量是京发〔2014〕16 号文中规定的每亩灌溉水量；方案 3 是在方案 2 的基础上调减了春玉米的灌溉水量，只浇一水，生长期内实行雨养旱作。

表 4-8　不同灌溉需水量的方案设计　　　　　　　　　（单位：m³/亩）

	麦/玉	春玉米	设施蔬菜	露地蔬菜	果树
方案 1	310.3	90.7	593.4	138.8	374.3
方案 2	200	100	500	200	100
方案 3	200	50	500	200	100

2. 线性规划方程

设麦玉两熟种植面积为 X_1，春玉米种植面积为 X_2，设施蔬菜种植面积为 X_3（=30 万亩），露地蔬菜种植面积为 X_4，果园面积为 X_5，单位面积相应的灌溉量为 A_1、A_2、A_3、A_4、A_5，单位面积的产值分别为 B_1、B_2、B_3、B_4、B_5。根据以上约束条件可列出以下线性方程：

$$\begin{cases} X_1+X_2+X_3+X_4+X_5 \leqslant 250 \\ X_1+X_2 = 80 \\ X_3+X_4 \geqslant 60 \\ X_5 \leqslant 100 \\ A_1 \times X_1+A_2 \times X_2+A_3 \times X_3+A_4 \times X_4+A_5 \times X_5 \leqslant 39\,000 \\ B_1 \times X_1+B_2 \times X_2+B_3 \times X_3+B_4 \times X_4+B_5 \times X_5 = \max \end{cases}$$

（五）结果与分析

1. 计算结果

经线性规划求解，得出不同方案的作物种植计划，见表4-9。方案1和方案2均不推荐种植麦玉两熟，保留的80万亩粮田全部用来种植春玉米，设施蔬菜和露地蔬菜各种植30万亩；但方案1在满足作物实际需水情况下，只推荐种植果树26.1万亩；方案2在用水定额内则可扩大果树种植，达到100万亩。方案3在进一步减少春玉米用水定额的情况下，推荐种植春玉米66.7万亩，种植麦玉两熟13.3万亩，设施蔬菜30万亩，并扩大露地蔬菜种植面积至40万亩，较方案1和方案2均提高了10万亩，方案3推荐果树种植面积也是100万亩，即市定规模。

表4-9 不同方案的种植计划 （单位：万亩）

	麦/玉	春玉米	设施蔬菜	露地蔬菜	果树
方案1	0	80	30	30	26.1
方案2	0	80	30	30	100
方案3	13.3	66.7	30	40	100

2. 结果分析

通过对各方案的资源利用情况与产值进行分析（表4-10），可以看出：3种方案都最大限度地利用了水资源，即3.9亿 m³。但是在土地利用和经济产出方面表现不同。

表4-10 不同方案的资源利用情况与产值

	总用水 （亿 m³）	粮田面积 （万亩）	菜田面积 （万亩）	果园面积 （万亩）	利用耕地面积 （万亩）	总产值 （亿元）
方案1	3.90	80	60	26.1	166.1	129.4
方案2	3.90	80	60	100	240	226.6
方案3	3.90	80	70	100	250	232.8

（1）3个种植方案对土地的利用情况不同

方案1中，在自然降水条件下和作物需水量下，受水资源的强力约束，只能种植果树26.1万亩，总耕地利用面积为166.1万亩，相对于250万亩的总量而言有83.9万亩无法灌溉。

方案2中，在京发〔2014〕16号文中推荐灌溉量的条件下，果树种植面积为100万亩，耕地利用总面积也达到了240万亩，只有10万亩无法灌溉。

方案3中，在京发〔2014〕16号文中推荐灌溉量的基础上调减了春玉米的灌溉量，实行雨养旱作的情况下，耕地利用总面积达到250万亩，全部得以利用。

（2）3个种植方案的经济产出情况不同

方案1、方案2、方案3的经济产出排序为方案3>方案2>方案1，分别为129.4亿元、226.6亿元，232.8亿元。方案3的经济产出最高，但与方案2相差无几，仅仅高出了2.7%，但比方案1分别高79.9%、75.1%。这说明政府推荐的灌溉定额较为合理，比常规灌溉能取得更多的经济效益。

3．小结

①每种方案都最大限度地利用了水资源，表明水资源处于强约束状态。

②因为粮田比较效益低，其推荐种植面积为最小约束值。

③蔬菜虽然比较效益较高，但因其耗水较高，因此，其推荐种植面积也倾向于最小约束值。

④由于粮田和菜田面积的刚性约束，种植业结构调整主要体现在果园面积的差异上；如果不考虑粮田和菜田面积的约束，从利益最大化的角度出发，250万亩耕地全部种植为（鲜）果树的经济效益最高。

⑤在水资源的约束下，对土地利用的越充分，其总产出也越高。

⑥政府推荐的灌溉定额较为合理，能取得较高的经济收益。

⑦春玉一水的灌溉方式（方案3）下，水土资源的利用均达到了最大化，且产出最高，表明方案3为最优灌溉方案。

五、基于节水的养殖业结构调整

（一）约束条件与目标

1. 养殖业用水量

根据表4-6，"十三五"期间养殖业用水量为0.43亿m³。

2. 养殖业规模的低限与高限

（1）低限

京发〔2014〕16号文中规定了未来北京市养殖业的规模，可视为最低保有规模：年出栏生猪200万头，肉禽6 000万只，奶牛存栏14万头，蛋鸡存栏1 700万只。并没有给出猪、肉禽的存栏规模，因此，需要进行估算。根据2003—2012年养殖业的统计数据，计算畜禽出栏/存栏比率的平均值，见表4-11。

表4-11 北京市畜禽出栏/存栏比率

	猪	肉牛	肉羊	肉禽
出栏/存栏	1.74	2.35	1.45	9.02

由此可推算出，猪存栏115万头，肉禽存栏665万只。

根据不同畜禽的饲养周期和粪污排放情况，设定不同畜禽的标准畜换算单位（经验值），见表4-12。

表4-12 标准畜换算单位

序号	畜禽种类	牛单位系数	畜禽种类	牛单位系数
1	存栏奶牛	1	存栏蛋鸡	0.008
2	出栏生猪	0.24	存栏生猪	0.24×0.5
3	出栏肉牛	0.25	存栏肉牛	0.25×0.5
4	出栏肉羊	0.2	存栏肉羊	0.2×0.5
5	出栏肉禽	0.001	存栏肉禽	0.001×0.5

因此，最低保有规模折算成标准畜为 96.7325 万个牛单位。

（2）高限

区域养殖业的规模并非越大越好，除受水资源限制外，还要考虑种养平衡，即一定数量的农用地产出供应一定数量的动物养殖，反过来，一定数量的动物排泄物可以被一定数量的农用地所消纳，从而实现种养平衡和可持续发展。

借鉴德国的标准，即土地畜禽承载力为 4 个牛单位/hm^2。德国的种植制度为一年一熟，北京市的复种指数近些年（2006 年以来）平均为 133% 左右。未来随着北京市推行旱作农业（节水的一项措施）以及土地的规模化经营，复种指数有可能进一步下降，维持在 120% 左右，则单位土地畜禽承载力为 4×120% = 4.8 个牛单位/hm^2。每亩菜田的需肥量约为大田的 2 倍。则北京市畜禽环境承载力的计算式为：

$$（粮田面积+果园面积+菜田面积×2）×4.8$$

根据京发〔2014〕16 号文，未来北京市粮经作物占地为 80 万亩左右，蔬菜面积 70 万亩左右，稳定 100 万亩左右的鲜果。据此，可测算出北京市畜禽环境承载力为 102.4 万个牛单位。因此，可以将 100 万个牛单位作为北京市耕地的畜禽承载力，即养殖规模的上限。

3. 各畜禽单位产值

各畜禽单位产值参考《全国农产品成本收益资料汇编 2015》，取全国平均值（没有北京地区数据）。生猪产值（取"中规模生猪产值"）为 1 592 元/头，肉牛产值（取"散养肉牛产值"）为 10 973 元/头，肉羊产值（取"散养肉羊产值"）为 1 124 元/只，肉鸡产值（取"大规模肉鸡产值"）为 29 元/只，蛋鸡产值（取"大规模蛋鸡产值"）为 18 元/只，奶牛产值（取"中规模奶牛产值"）为 25 647 元/头。

4. 主要养殖品种的需水量

根据畜禽用水量计算相关参数表，可以计算出不同畜禽的需水量。出栏畜禽需水量 = 日需水量×出栏周期×成长系数，存栏畜禽需水量 = 日需水量×存栏周期×成长系数×0.5，结果见表 4-13。

表 4-13　北京市畜禽年需水量　　　　　（单位：L/头或 L/只）

	猪	肉牛	奶牛	肉羊	肉禽	蛋鸡
出栏	3 600	2 700	—	1 800	160	—
存栏	1 800	1 350	10 950	900	80	1 168

5. 目标

养殖业经济产出最大化。

（二）方案设计与线性规划方程

1. 方案设计

在水资源和耕地承载力的约束下，本研究设计了 3 种方案。方案 1 为市定规模，即〔2014〕16 号文中规定的规模；方案 2 是在方案 1 的基础上，增加肉牛和肉羊的规模；方案 3 是假定肉牛维持近几年的养殖规模 10 万头，对肉羊的养殖规模进行估算（表 4-14）。

表 4-14　不同养殖规模的方案设计　　　　　（单位：万头/万只）

方案		猪	肉禽	奶牛	蛋鸡	肉牛	肉羊
方案 1	出栏	200	6 000	—	—	—	—
	存栏	115	665	14	1 700	—	—
方案 2	出栏	200	6 000	—	—	—	—
	存栏	115	665	14	1 700	—	—
方案 3	出栏	200	6 000	—	—	10	—
	存栏	115	665	14	1 700	4.25	—

2. 线性规划方程

设出栏肉牛 X_1 万头，出栏肉羊 X_2 万只，则线性规划方程为：

$200 \times 0.36 + 115 \times 1.8 + 2.7 \times X_1 + 1.35 \times X_1/2.35 + 1.8 \times X_2 + 0.9 \times X_2/1.45 + 1\,700 \times 1.168 + 6\,000 \times 0.16 + 665 \times 0.08 + 14 \times 10.9 \leqslant 4\,200$

$200 \times 0.24 + 115 \times 0.12 + 0.25 \times X_1 + 0.125 \times X_1/2.35 + 0.2 \times X_2 + 0.2 \times X_2/1.45 +$

1 700×0.008+ 6 000×0.001+665×0.0005+14×1≤100

200× 1 592+ 10 973×X$_1$+ 1 124×X$_2$+ 1 700×18+ 6 000×29+14× 25 647＝max

(三) 结果与分析

1. 计算结果

经线性规划求解，得出不同方案的养殖计划，见表4-15。方案1为市定规模，即出栏生猪200万头，肉禽6 000万只，存栏奶牛14万头，蛋鸡1 700万只；方案2是在方案1的基础上，增加肉牛出栏12.57万头；方案3是在方案1的基础上，保持肉牛近几年的出栏规模10万头，则可增加肉羊出栏3.18万只。

表4-15 养殖业结构调整结果 (单位：万头/万只)

方案		猪	肉禽	奶牛	蛋鸡	肉牛	肉羊
方案1	出栏	200	6 000	—	—	—	—
	存栏	115	665	14	1 700	—	—
方案2	出栏	200	6 000	—	—	12.57	0
	存栏	115	665	14	1 700	5.35	0
方案3	出栏	200	6 000	—	—	10	3.18
	存栏	115	665	14	1 700	4.25	2.19

2. 结果分析

各方案的资源利用情况与产值分析，见表4-16。

①从耕地承载力平衡来看，除方案1有3.27万个牛单位的富余之外，方案2和方案3都达到了耕地承载力的极限。

②从水资源平衡来看，方案2和方案3对水资源的利用最为充分，有180万 m³的余量，方案1有221万 m³的余量。

③从产值来看，方案2的产值最高，为102亿元；其次是方案3，99.5亿元；产值最低的是方案1，为88.2亿元。但三者差距不大。

综合来看，方案2最优，水资源利用最充分，产出最高。

但无论哪种方案，都未能充分利用水资源，这主要是因为耕地承载力的约束超过了水资源，也从一个侧面说明了本次调转节对于耕地的调减幅度过大，至少大过了养殖业的调减幅度。

但超出耕地承载力的畜禽粪便，可以加工成有机肥外销或施用于林地，但水资源的问题则非外来水源可以解决，因此，北京市的农业结构调整还要充分利用水资源。由此看来，除了3个方案中涉及的主要畜禽种类之外，基于对水资源的充分利用，配合观光农业的发展，北京市还可以适当扩大肉羊养殖，并发展一些特种养殖。

表 4-16 不同方案的资源利用情况与产值

| 方案 | 承载力平衡 | | 水资源平衡 | | 产值 |
	标准畜（万个牛单位）	±	需水量（万 m³）	±	（亿元）
方案 1	96.73	+3.27	4 079	+221	88.2
方案 2	100	0	4 120	+180	102.0
方案 3	100	0	4 120	+180	99.5

六、基于节水的北京市农业结构调整

根据前述研究，未来（2020 年）北京市种植业、林业、畜牧业、渔业的用水量分别为 3.90 亿 m³，0.33 亿 m³，0.43 亿 m³ 和 0.3 亿 m³，未来的农业结构调整也有两个方案。方案 1 是假定未来农业中各业用水效益以 2014 年（基期年）为基准保持不变；方案 2 是假定未来农业中各业用水效益按近十年（2005—2015年）的年增长率递增。由此计算的农业增加值及其结构，见表 4-17。

表 4-17 2020 年基于用水效益的北京市农业增加值及其结构

	种植	林业	畜牧业	渔业	合计
2020 用水量（亿 m³）	3.90	0.35	0.43	0.33	5.0
方案 1（假定未来用水效益以 2014 年为基准保持不变）					
用水效益（2014 年，元/m³）	11.8	52.0	51.6	8.0	
2020 年增加值（亿元）	46.0	18.2	22.2	2.6	89.0

（续表）

	种植	林业	畜牧业	渔业	合计
2020 年增加值比重（%）	51.7	20.5	24.9	2.9	
方案 2（假定未来用水效益按 2005—2015 年增长率递增）					
2020 年用水效益（元/年）	22.9	126.3	70.3	11.3	
2020 年增加值（亿元）	89.3	44.2	30.2	3.7	167.4
2020 年增加值比重（%）	53.3	26.4	18.1	2.2	

在方案 1 中，未来（2020 年）北京市农业增加值为 89.0 亿元，比 2014 年（159.0 亿元，不含农业服务增加值）减少了 70 亿元，下降幅度为 44%；其中，种植业、林业、畜牧业和渔业的增加值分别为 46.0 亿元、18.2 亿元、22.2 亿元和 2.6 亿元，在农业增加值中的比重分别为 51.7%、20.5%、24.9%、2.9%。在方案 2 中，未来农业各业用水效益都有较大幅度提升，其中，种植业用水效益由 11.8 元/m³ 上升到 22.9 元/m³，林业由 52.0 元/m³ 上升到 126.3 元/m³，畜牧业由 51.6 元/m³ 上升到 70.3 元/m³，渔业由 8.0 元/m³ 上升到 11.3 元/m³；种植业、林业、畜牧业、渔业的增加值分别为 89.3 亿元，44.2 亿元，30.2 亿元，3.7 亿元，农业增加值为 167.4 亿元，略高于 2014 年的 159.0 亿元（不含农业服务业增加值）；农、林、牧、渔在农业增加值中的比重分别为 53.3%、26.4%、18.1% 和 2.2%。

从表 4-18 可以看出，相对于 2014 年，2020 年方案 1 和方案 2 的农业结构均有所变化，方案 1 中，种植业上升，较 2014 年上升了 9.3 个百分点；林业和畜牧业比重则有所下降，分别下降了 4.2 个百分点和 2.2 个百分点；渔业比重持平。方案 2 中，种植业和林业比重上升，分别上升了 9.3 个百分点和 2.8 个百分点，种植业比重上升最大；而畜牧业和渔业比重则下降，其中，畜牧业下降最多，达 9 个百分点，渔业比重下降较少，下降了 0.7 个百分点。

表 4-18　基于用水效益的北京市农业结构调整

	种植	林业	畜牧业	渔业
2014 年农业结构（%）	44.0	24.7	27.1	2.9

（续表）

	种植	林业	畜牧业	渔业
方案 1 农业结构（%）	51.7 ↑	20.5 ↓	24.9 ↓	2.9 →
方案 2 农业结构（%）	53.3 ↑	26.4 ↑	18.1 ↓	2.2 ↓

由此看来，未来减少农业用水后，如果农业各业用水效益得不到提高，则农业增加值会有较大幅度的下降（下降幅度达 44%）。因此，在水资源的强约束条件下，从相对比较效益来看，应该大力发展林业和畜牧业，在限定用水总量的前提下，农业用水向林业和畜牧业倾斜。

七、本章小结

①正确认识当前农业结构调整的理论依据，以新的思路和战略寻找农业结构优化的最佳途径，切实根据农业发展的进程，提出相应的战略和对策，加大结构调整力度。系统论、木桶理论、生态理论、比较优势理论、技术进步与农业产业结构调整理论、可持续发展理论等为农业结构调整提供了理论基础。

②农业结构调整的驱动力来自于目标、市场、资源与环境、技术进步与制度变迁等。农业结构调整目标的确立，为农业结构调整行为指明了方向，为具体的调整制定了思路，从而为农业结构调整提供了驱动力。根据市场经济规律对农业资本结构、农业组织结构、相关农业政策进行综合设计，在此基础上进行农业生产结构调整。农业的自然属性决定了资源禀赋对其结构的形成与维持影响很大。资源约束是农业结构调整的内生动力。各地的农业资源禀赋不同，绝大多数情况下，农业结构调整的要素驱动力来自于最紧缺的那个要素。农业是一个自然再生产与经济再生产相交织的产业，是与环境关系最为密切的产业。随着生态文明程度和环保要求的提高，环境约束将成为农业结构调整越来越重要的驱动力。从农业结构调整的驱动力和实践中农业结构调整的发展历程来看，我国及北京市农业结构调整的方式主要有 3 种：人为干预，市场调节，人为干预和市场调节相结合。

③1987 年以前，北京农业处于种植业"一业独大"的一元结构阶段。2011

年以前，北京市农业产业结构一直呈"种养二元结构"的特征，种养业占据绝对优势，但种植业比重基本呈下降态势，而养殖业则基本呈上升趋势。从 2012 年北京市开展百万亩造林开始，林业产值比重开始大幅上升，北京市农业产业结构逐步呈现出"农林牧三元结构"特征；在种植业中，粮食作物一直占据绝对比重，蔬菜及食用菌位居第二。其中，2000—2005 年，粮食作物和蔬菜及食用菌产业呈现明显波动，蔬菜和食用菌产业种植比重上升，粮食作物迅速下降缓慢回升。

④种植业对农业用水量影响较大。利用灰色关联分析研究农业结构对农业用水量的影响结果显示：一是农业用水与农业产量关联度的大小次序为：蔬菜及食用菌产量>肉类产量>干鲜果品产量>牛奶产量>水产品产量>粮食产量>油料产量>禽蛋产量。表明，蔬菜、肉类、干鲜果（主要是鲜果）等产量与农业用水关系最为密切，粮食、油料和禽蛋产量影响相对较小。二是农业用水与农业各产值关联度的大小次序为：牧业总产值>渔业总产值>种植业总产值>林业总产值。表明牧业和渔业产值与农业用水关系较为紧密，从产值角度考虑应当适当加大牧业和渔业的规模。三是农业用水与作物播种面积关联度的大小次序为：瓜类及草莓播种面积>蔬菜及食用菌播种面积>粮食作物播种面积>油料作物播种面积>饲草播种面积。表明瓜类和蔬菜播种面积与农业用水关系最为密切，从结构调整的角度来看，减少瓜类和蔬菜面积对减少农业用水的效果最为突出。

⑤农业结构调整要遵循社会效益、生态效益和经济效益三效益统一以及动态调整原则。在水资源短缺时，要用少量的水或是定量的水产出尽可能多的农产品或经济效益最高，才是农业结构调整的真正目标，即节水约束下的经济产出最大化。农业结构调整的研究方法主要有生态适应性分析法、生物节奏与季节节奏平行分析法、相似分析法、成本收益分析法、相关分析法、作物生态适应性回归法、决策指数法、线性规划方法等。而对于多目标决策，多采用线性规划的方法。从用水结构来看，种植业所占比重最大，其次是畜牧业。但总体来看，种植业用水比重在下降，林业、畜牧业、渔业的用水比重在上升。

⑥不同方案的作物种植计划具有不同的节水效果。由于粮田比较效益低，其推荐种植面积为最小约束值。蔬菜虽然比较效益较高，但因其耗水较高，因此，其推荐种植面积也倾向于最小约束值。由于粮田和菜田面积的刚性约束，种植业

结构调整主要体现在果园面积的差异上；如果不考虑粮田和菜田面积的约束，从利益最大化的角度出发，250万亩耕地全部种植为（鲜）果树的经济效益最高。在水资源的约束下，对土地利用的越充分，其总产出也越高。政府推荐的灌溉定额较为合理，能取得较高的经济收益。春玉一水的灌溉方式下，水土资源的利用均达到了最大化，且产出最高，表明春玉一水的灌溉方案为最优灌溉方案。

⑦根据计算，"十三五"期间养殖业用水量为0.43亿m^3。但无论哪种养殖方案，都未能充分利用水资源，这主要是因为耕地承载力的约束超过了水资源。除了3个方案中涉及的主要畜禽种类之外，基于对水资源的充分利用，配合观光农业的发展，北京市还可以适当扩大肉羊养殖，并发展一些特种养殖。

⑧未来（2020年）北京市种植业、林业、畜牧业、渔业的用水量分别为3.90亿m^3，0.33亿m^3，0.43亿m^3和0.3亿m^3，未来的农业结构调整也有2个方案。方案1是假定未来农业中各业用水效益以2014年（基期年）为基准保持不变；方案2是假定未来农业中各业用水效益按近10年（2005—2015年）的年增长率递增。未来减少农业用水后，如果农业各业用水效益得不到提高，则农业增加值会有较大幅度的下降（下降幅度达44%）。因此，在水资源的强约束条件下，从相对比较效益来看，应该大力发展林业和畜牧业，在限定用水总量的前提下，农业用水向林业和畜牧业倾斜。

第五章 国外农业节水的经验与启示

水资源是人类生存和发展不可缺少的重要资源，也是农业生产的必要条件。目前，全世界共有可耕地 14 亿 hm^2，其中，灌溉面积仅占 17%，水资源的缺乏已成为日益突出的世界范围内的严重问题。世界各国都非常重视农业节水问题，从工程、技术、管理、政策等方面发展节水农业。梳理国外在节水农业方面的做法与经验，可为北京市及我国节水农业的发展提供可借鉴的思路。

从搜集到的文献和资料来看，国外农业节水的发展随着水管理理念的变化而变化，也经历了从开源到节流，再到开源与节流并举的阶段。发展到目前，国外农业节水呈现出 2 个显著特征，一是高新技术在农业节水上的应用越来越广泛；二是节水管理体系越来越完善。

一、国外农业节水之开源与节流

（一）国外农业节水之开源

农业节水，一方面，是农业用水总量的绝对减少；另一方面，是农业用新水量尤其是地下水抽取量的减少。为减少农业对地下水的消耗，各国都想尽办法进行开源，包括地表水、降水、废水和微咸水等，其中，大型调水工程是对地表水的再分配过程。

1. 大型调水工程

世界上大多数国家都存在着水资源分布不均或与耕地分布不匹配的问题，调水工程是解决这一问题的有效途径。据不完全统计，目前全球已建、再建或拟建的大型跨流域调水工程有 160 多项，主要分布在 24 个国家。其中，比较著名的有美国的加州北水南调工程和中央河谷工程、澳大利亚的雪山工程、加拿大的切尔齐赫尔调水工程、印度的阿比斯调水、巴基斯坦的西水东调、俄罗斯的额尔齐斯河、以色列的北水南调等调水工程。工程建成后，使得缺水地区也可以发展灌溉农业（表5-1）。

表 5-1　世界著名的跨流域调水工程

工程名称	兴建年份	年调水量（亿 m³）	引水线长（km）
加拿大切尔齐赫尔工程	1976	850	沿河道
巴基斯坦西水东调工程	1960	160	593
美国中央河谷调水工程	1937	134	983
美国加州调水工程	1959	52	715
印度阿比斯调水工程	1961	47	40
俄罗斯额尔齐斯河调水工程	1962	25	458
澳大利亚雪山调水工程	1949	23.7	644
利比亚大人造河流	1975	7.3	1 900
以色列国家输水工程	1953	6	300
埃及的西水东调工程	1994	21.1	262
西班牙塔霍-塞古拉河调水项目	1969	10	286

数据来源：根据相关文献整理

2. 雨水收集利用

雨水是一种淡水资源，其利用成本远低于废水再利用和咸水淡化利用，因此，各国都十分重视雨水的收集与利用。发达国家城市雨水利用发展时间较长，制定了一系列较为成熟的技术标准，颁布了一系列规范的政策法规，安排专项资金支持城市雨水利用工程建设。

（1）以法律形式规范激励城市雨水利用的外部环境

德国1995年颁布了第一个欧洲标准"室外排水沟和排水管道"，提出通过收集系统尽可能地减少公共地区建筑物底层发生洪水的危险性。1997年颁布了另一个严格的法规，要求在合流制溢流池中，设置隔板、格栅或其他措施对污染物进行处理。目前德国开发商在新建小区之前，无论是工业、商业还是居民小区，均要设计雨水利用设施，若无雨水利用措施，政府将征收雨水排放设施费和雨水排放费。

美国在雨洪利用中要求结合回补地下水、防洪、排水河道的抗冲保护和水质改善等多种需求，作为土地利用规划一并考虑。美国的马里兰等州都有雨水利用的法规，包括道路、商业区、住宅区在内的所有建设项目满足洪水管理和水量水质等方面的要求。美国还通过立法征收雨水排放费，对雨水利用设立相应的经济激励措施。

（2）设立城市雨水利用财政补贴专项资金

美国通过多种补贴形式，鼓励采用新的雨水集蓄利用方法。一些地方政府把雨水收集列入重要的环保项目，提供相应的政策支持。

芝加哥在绿色屋顶计划中，对建筑屋顶上的建造绿化面积比例高于50%或者面积大于2 000平方英尺（约合185.8m²）的开发商提供"密度奖金"，居民可以通过安装集雨桶、植树等方法获得直接的现金补贴。

德国汉堡最早（1988）颁布对建筑雨水利用系统给予资助政策，在1988年以后的7年里，有1 500多个私有住宅的雨水利用系统得到州政府的资助。1992年黑森州开始征收地下水税，并以此资助包括雨水利用在内的节水项目。这一做法被称为城市规划与建设的一个新纪元的开始。到20世纪90年代后期，又有一些州或市政府出台了对雨水利用的资助和鼓励政策。1996年年初，为了推广雨水利用、增强雨水入渗以及"绿色屋顶"计划（将绿色植物覆盖于屋顶）等环保措施，德国波恩市改变了公共废水系统的使用收费标准，住宅户如果自己铺设可渗水的车道及人行道、设置"绿色屋顶"减少降水产流、开挖渗水区域（低地、壕沟、池塘）或安装雨水利用系统，可减收其缴纳的水费，最多可达50%。类似的计划已在市政其他部门得到应用，如联邦教育和研究部开展的联合项目。这些都有力地促进了德国城市雨水利用技术的应用与发展。

（3）完善雨水调蓄利用技术支持和管理体系

德国城市雨水利用技术和管理体系经历了3代发展，迄今已发展非常完善，已进入标准化、产业化阶段。德国对建设雨水利用系统进行资助。美国建立严格的雨水利用标准体系，禁止将降水最初3cm的径流直接排入排水系统，而必须经过过滤处理。新加坡制定了地面排水系统准则，后多次进行修订，要求占地面积大于 0.2hm² 的新建设项目都修建雨水径流减缓设施，除了蓄水池，还包括屋顶花园、生态滞留池、湿地、垂直种植箱，建筑开发商装置的储水或"吸水"设施能留住 25%~35% 的地面径流，并能减缓雨水流速。

从国别来看，每个国家的雨水收集与利用又都有本国的特色。

著名的贫水国以色列，尽一切可能收集雨水、地面径流和局部淡水，因地制宜地修建各类集雨蓄水设施以供直接利用，或注入当地水库或地下含水层。从北部戈兰高地到南部内盖夫沙漠，全以色列分布着百万个地方集水设施，每年可收集约 1 亿~2 亿 m³ 的水。

集雨种植是印度农业技术的重要组成部分，很有特色。一是利用蓄水池、水窖、人工井收集降水，作为补充灌溉水源。二是利用田内集水，一种方法是把耕地分成不同条带，种植作物带和不种植带，后者为集水区，向种植区倾斜；另一种方法是采用沟垄种植，作物种在沟里垄为集水区。三是在以雪水为主要水资源的西喜马拉雅地区，有一种称之为 Kuhl 的水资源收集和储存系统，长度在 1~15km，有多个集水面和注入口，既能收集雨水也能收集雪水，单个 Kuhl 的灌溉面积为 80~400hm²。

澳大利亚的淡水资源也十分匮乏，因而也非常重视雨水的收集与利用。澳大利亚的雨水回收系统遍布城乡，通常分为四类：地下雨水回收系统，屋面雨水回收系统，地下与屋面相结合的综合回收系统和高山雪水回收系统，所收集的雨水部分用于农业灌溉。不少农场也安装了雨水收集器；同时，利用洼地开挖小型雨水回收池，利用收集的雨水浇灌农作物并供牲口饮水。

3. 废水循环利用

随着水资源的日益紧缺，废水再利用受到了各国的重视。利用处理后的废水进行农田灌溉正成为世界各国灌溉技术的又一发展趋势。

以色列、美国等国将废水通过不同的过滤装置，降低其污染物和细菌含量，使废水达到灌溉水源的标准。灌溉时，综合考虑作物、水质、土壤质地与状态，制定出合理的灌溉策略与方式，以利于水中物质的分解和避免地下水质的污染。在美国加州再生水被应用于城市绿化杂用、农业灌溉、景观用水、工业回用以及地下水回灌等多个方面；其中，农业灌溉是其主要用途，约占再生水利用总量的45.9%。以色列 100% 的生活污水和 72% 的城市污水得到了回收，污水处理后的

46%直接用于灌溉，其余33.3%回灌地下，约20%排入河道。2010年以色列农业灌溉用水中再生处理水所占比重为38%。

西班牙在再生水方面潜力很大，特别是农业用途。2006年，农业平均用水量占全部再生水的71%，环境用水量占18%，高尔夫球场用水占7%，城市用途占4%。工业中的污水再利用程度很低。塞古拉流域是经历了再生水项目大发展的地区之一。事实上，87%的经处理污水（相当于每年84亿m³），来自于再生水项目。此外，还有胡卡尔流域，该流域每年利用再生水148亿m³。这2个流域污水再利用量占整个西班牙再生水总量的62%。一些群岛（如巴利阿里群岛）的污水再利用量也占到了23%。

4. 咸水淡化利用

咸水是指溶解有较多盐分的水。主要包括海水、咸水湖湖水和微咸水。这部分水占全球水资源的70%以上，数量庞大，却不能直接饮用。但是随着地球人口增多、淡水资源危机日益突出，世界各国都将尝试通过技术手段降低咸水里盐的含量（即咸水淡化），以供人类利用。

（1）微咸水利用

微咸水是指矿化度在2.0~5.0g/L的水。虽然微咸水属于劣质水资源，但是由于土壤的缓冲能力和植物的耐盐能力，采取适当措施，恰当地管理利用微咸水灌溉，可以实现"高产、优质、高效"可持续农业的发展目的。开发利用微咸水，不但区域水资源危机，还能降低地下水位，有利于防止或减轻土壤盐渍化。利用微咸水直接或处理后用于农业灌溉，国外已经积累了很多成功的经验。

以色列、美国、法国、日本、意大利、中亚、阿拉伯、奥地利等国家和地区利用微咸水，已有较长的时间，栽培作物范围涉及也比较广，其利用技术也日臻完善，而其利用微咸水灌溉的关键是选择合适的灌溉方式和作物品种。以色列农业灌溉用水中微咸水所占比重为14%。突尼斯在排水设施良好的盐碱地上，用矿化度为2~5g/L的微咸水灌溉海枣、高粱、大麦、苜蓿、黑麦草等，取得成功。意大利利用2~5g/L咸水灌溉已有约50年的历史。美国西南部利用矿化度在2.5~4.8g/L的微咸水灌溉棉花、甜菜和小麦等作物，其中，棉花产量高于淡水灌溉。在西澳大利亚矿化度大于3.5g/L的微咸水用于灌溉苹果树及短期灌溉葡萄。西班牙在大部分地区设有微咸水灌溉驿站，专门试验和研究微咸水灌溉的技术。中亚、阿拉伯等国家利用 3~8g/L 水进行农田灌溉。日本、埃及、阿尔及利亚、摩洛哥、巴基斯坦、德国以及瑞典等也都有咸水灌溉成功的经验。

（2）海水淡化利用

地球上海水资源丰富。为寻求淡化水的替代资源，各国都将目光转向了海水淡化。经过多年的发展，目前，海水淡化产业已遍布 150 多个国家和地区，主要集中在中亚和西亚的沿海地区。

西亚是世界水资源严重匮乏的地区之一，因经济实力雄厚，因此，世界海水淡化装置的主要分布地区。仅这一地区的沙特、阿联酋、科威特、卡塔尔和巴林五国的海水淡化装置总产水量就占到了全球总量的 44.3%。在波斯湾的沿岸地区，有的国家的淡化海水量已经占到了本国淡水使用量的 80%~90%。与之形成对比的是，全球第一个现代海水淡化工厂的诞生地美国的海水淡化总量仅占到全球的 15% 份额，而技术相对发达的欧洲，占比也仅为 12%。沙特是全球第一大淡化海水生产国，其产量约占全球总产量的 18%。以色列截至 2015 年，已建成海水淡化工厂 4 个，年海水淡化产量达 4.87 亿 m^3，咸水在农业灌溉用水中的比重高达 55%。

西班牙 2004 年启动了《水管理与使用行动方案（2004—2012 年）》，该方案的重点是，通过新建海水淡化工厂和污水处理厂、优化现有基础设施，逐渐取代调水。2014 年又制定了《新流域规划进程》，从地方角度出发，包括了与污水再利用和海水淡化相关的附加法规。西班牙生产的淡化水占全球淡化水总量的 5%，是排在沙特阿拉伯、阿拉伯联合酋长国和美国之后的第四大生产国。开展海水淡化最早的是加那利群岛。第一个淡化工厂于 1964 年建于兰萨罗特岛。富埃特文图拉和兰萨罗特岛使用的水几乎都是淡化水。随着 20 世纪 80 年代膜技术的发展，反渗透逐渐成为主流技术。2000—2014 年，西班牙淡化水生产能力大幅上升，2008 年日产量达到 1.9 亿 m^3。

福冈海中道奈多海水淡化中心是日本最大的海水淡化设施，淡化海水供应量占福冈总供水量的 1/12。

（二）国外农业节水之节流

1. 节灌技术

节灌技术即灌溉节水技术，主要指田间灌溉环节的节水，包括喷灌、微灌

（滴灌、微喷和渗灌）。这些技术结合作物需水规律与外界环境等实行按需、适时灌溉，最大限度地减少田间灌溉用水，提高水资源利用率。

（1）喷灌

喷灌是一种封闭的输水和配水灌溉系统，通过水压将水喷出进行灌溉，可有效减少田间灌溉过程中的渗漏和蒸发损失。喷灌比地面漫灌节水 20%~30%，而且省时省力，水肥利用效率可达 80%~90%，可节约肥料 30%~50%，同时还节约了传统灌溉的沟渠占地，提高了农田产量。在发达国家应用面积发展迅速。美国的农田喷灌面积已占农田总灌溉面积的 48%（2010 年），以色列为 27%（2004 年），英国为 46%（2005 年），澳大利亚为 21%（2006 年），日本为 17%（2010 年）。日本的旱地基本采用喷灌。

美国的喷灌有固定式和移动式两种，其中，80% 为中轴式移动喷灌。日本的喷灌机械一般以小型为主，采用固定式或半固定式，喷头一般是中高压的蜗轮蜗杆喷头和中压摇臂式喷头。澳大利亚喷灌机械一般使用绞盘式喷灌机、滚移式喷灌机和中心支轴式喷灌机，喷头一般以手臂式喷头为主。

（2）微灌

微灌是比喷灌用水量更小的一种灌溉方式，包括滴灌、渗灌和微喷等，也称局部灌溉，即仅在作物根区附近灌溉，而远离作物根部的行间或棵间的土壤则保持干燥。

①微喷。微喷技术综合了喷灌和滴灌的优点，克服了喷灌能耗大、水分空中损耗大和滴灌易堵塞的缺点。主要有 2 种形式：一种是在输水管上打孔，利用水压喷水进行灌溉；另一种是由脉冲发生器带动发射器迸射出水流，经微喷头进行喷洒。后者又有 2 种形式：一种是将输水管铺设在田间，喷头由下向上喷；另一种应用在设施苗床上，喷头可来回移动，由上向下喷。

②滴灌。滴灌系统是通过管道和滴头将水直接送到植物最需要水的根部。其优点：一是使用最少的水量达到最佳的灌溉效果；二是可减少水土流失。滴灌技术比喷灌更节水，节水量可达 30%~50%，可使单位土地面积增产 1~5 倍，使水肥利用率高达 90%，并可有效防止土壤盐碱化和土壤板结。美国目前的滴灌面积约占总灌溉面积的 4.2%，以色列则达到 60%。使用滴灌以来，以色列农业用水总量 30 年来一直稳定在 13 亿 m^3，而农业产出却翻了五番。滴灌的关键部件是滴

水器，主要有可调流量滴头、紊流防堵滴头、补偿式自清洗滴头、涡流式定量滴头、等流量多出口滴头等。

③渗灌技术。渗灌技术是将低压条件下的灌溉水通过埋于作物根系活动层的微孔渗灌管，根据作物的生长需水量，向土壤中渗水，并借助土壤毛细管的作用将水分扩散，供作物根系吸收利用。渗灌系统全部采用管道输水，几乎没有输水损失，作物蒸发量小，加之水量可根据作物的需水量进行准确调控，所以水的利用率可达70%，是目前节水效率最高的一种节水技术。另外，渗灌系统是在低压下运行的，因此，具有显著的节能效果。渗灌管的材质有橡胶的、塑料的和多孔陶等。美国、法国、日本等发达国家的渗灌技术已进入推广应用阶段。

目前，国际上的发展动向是注重对微灌系统的配套性、可靠性和先进性的研究，将计算机模拟技术、自控技术、先进的制造成膜工艺技术相结合，开发具有高性能的微喷灌系列产品、微灌系统施肥装置和过滤器。

（3）非充分灌溉

非充分灌溉在国外也称有限灌溉（Limited Irrigation）或蒸发蒸腾量亏缺的灌溉（Evapotranspiration Deficit Irrigation，EDI），是作物实际蒸发蒸腾量小于潜在蒸发蒸腾量的灌溉。非充分灌溉正是利用作物本身具有一定的生理节水与抗旱能力的特点，达到既节水，又高产高效，以有限水量的投入获得最大效益的目的。由于作物产量不仅取决于生长期的灌水量，还取决于灌水量在生长期内时间上、数量上的分配。因此，非充分灌溉就是在最大限度节约作物生长期灌水量的前提下，寻求作物全生长期的最佳灌水次数、灌水时间、灌水定额，使农作物产量最大，提高水分生产率和效益。

非充分灌溉的方式主要有调亏灌溉、局部根区灌溉。

①调亏灌溉。调亏灌溉（regulated deficit irrigation，简称RDI）是指在作物生长发育某些阶段（主要是营养生长阶段）主动施加一定的水分胁迫，促使作物光合产物的分配向人们需要的组织器官倾斜，以提高其经济产量的节水灌溉技术。国外对调亏灌溉的研究应用大多集中在果树方面。该技术于20世纪70年代中期由澳大利亚持续灌溉农业研究所研究成功。与充分灌溉相比，调亏灌溉具有节水增产作用。它的节水增产机理依赖于植物本身的调节及补充效应，适时适量的水分胁迫对作物的生长、产量及品质有一定的积极作用。

②局部根区灌溉。局部根区灌溉在国外一般称为局部根区干燥（partial root-zone drying, PRD）技术，包括交替根区灌溉和固定部分根区灌溉。固定部分根区灌溉（fixed partial root-zone irrigation, FPRI）是始终在同一侧根区灌溉，而在其他根区一直不灌溉。交替根区灌溉（alternate partial root-zone irrigation or drying）是强调灌溉区域交替进行，即一个时间段内在根系的一侧灌溉，另一段时间内则在根系的另一侧灌溉，这样反复交替进行。

大量研究表明，在灌溉量相同的条件下，交替根区灌溉的作物产量高于调亏灌溉（RDI）的作物，使得水分生产率更高，甚至果实品质更好。

2. 精灌技术

利用现代精准的测量与控制技术，对灌溉进行精准控制，从而达到节水的目的，也是世界各国节水农业发展的一个趋势。

（1）灌溉测报技术

一些发达国家都很重视对灌溉测报技术的研究与应用。如美国、加拿大和日本等国采用不同的地面仪器来测量作物冠层或叶面温度以及周围的空气温度，并根据作物水分蒸发量研究作物耗水与气象之间的关系，以确定农田土壤水分变化和适宜的灌水期和灌水量。一些国家还利用航测和卫星遥感，使灌溉测报更加准确。

（2）灌溉管理自动化技术

随着灌溉渠系日趋管道化，美国、日本、以色列等国采用计算机、电测、遥感等技术，不同程度地实现了灌溉管理自动监测与控制，大大减少了管理人员和劳动强度，使输配水更加合理，从而提高了水的利用率。

3. 止损技术

除了开源节流之外，世界各国还十分重视对他农业灌溉用水的损耗。农业灌溉用水的损耗一般发生在输配水环节、田间灌溉环节。输配水环节的止损一般通过工程措施来保障，而田间的止损则一般通过少免耕和覆盖来保障。另外，还有一种因污染而造成的水资源损耗/浪费，也逐渐被各国所认识，并采取措施加以避免。

（1）工程止损

农田灌水用水从水源经水利工程输送到田间，这部分节水称为工程节水。为减少输配水过程中水的损失，一般采用渠道衬砌和管道输水。而管道输水可将输配水损失降低到理想程度。

①渠道衬砌。渠道输水是大多数国家的主要输水手段。渠道的防渗效果在很大程度上取决于衬砌材料。目前各国普遍采用的材料为刚性材料、土料和膜料三类。其中，刚性材料（主要是混凝土）占主导地位。美国的混凝土渠道约占全部渠道长度的 52%；罗马尼亚占 70%~80%；意大利几乎全为混凝土渠道；日本输水干渠一般采用混凝土构件衬砌。

随着化工业的发展，国外已开发出许多具有防渗性能好、抗穿刺能力强的高性能、低成本的新型土壤固化剂和固化土复合材料，使高分子膜料等衬砌的比重日益增加。

②管道输水。低压管道输水灌溉技术是利用塑料或混凝土等低压输水管道代替输水渠将水直接送到田间灌溉作物，以减少水在输送过程中的渗漏和蒸发损失的技术措施。低压管道输水灌溉系统有移动式、固定式和半固定式 3 种，常用材料有 PVC 管、水泥沙管、现浇混凝土管等。管道输水利用率可达 95%~97%。

低压管道输水效率高、占地少、易管理，灌溉渠道管道化已成为各国的共同发展趋势。美国约有 50% 的大型灌区实行了输水的管道化。日本新建灌溉渠道的 50% 以上都实现了管道化。

管道输水损耗最小，但造价颇高，约为衬砌的 5 倍，因此，渠道衬砌仍是各国减少渗漏的普遍方式。但长远来看，灌溉渠系管道化输水是世界地面灌溉发展的趋势。目前低压管道输水灌溉技术已趋成熟，今后的方向是开发性能更好，价格低廉的新型管材和各种先进量水设备与放水设备。

（2）田间止损

①少免耕技术。该技术也称保护性耕作，是通过免耕或少耕（常常伴有农作物秸秆覆盖地表）措施提高土壤蓄水能力和自我恢复能力，减少水土流失和生产成本，是一项旱作节水耕作技术。目前全世界推广应用保护性耕作面积 1.6 亿 hm^2，其中，美国、加拿大、澳大利亚等国家推广面积最大。

②覆盖保墒技术。该技术通过物理覆盖阻断土壤水分的垂直蒸发，覆盖物主要有秸秆和地膜等，其抑蒸能力可达 80% 以上。地膜覆盖有效促进了土壤—作物—大气系统中水分有效循环，增加了耕层土壤贮水量，改善土壤水热条件，利

于矿质养分的吸收利用。秸秆覆盖（常与少免耕技术相结合）能减少地表蒸发和降雨径流，提高土壤蓄水保墒能力和耕层的供水量。美国旱区注重农田覆盖，推行残茬或生物覆盖，除保墒外还可有效防止水土流失。

（3）防污止损

生产或排污对水体造成污染，也是对水资源的一种损耗和浪费，立法或出台相关规定防止生产或排污造成水体污染，并制定措施对其进行治理，是各国进行防污止损的普遍做法。

以色列成立了诸如河流管理委员会等组织，负责水资源污染的防止，污染河流的治理，恢复由于水资源的原因引起的退化了的生态环境。

日本从 20 世纪 50 年代开始陆续制定《土地改良法》《水质污染防止法》《湖沼水质保全法》《环境基本法》《河川法修订》等一系列防止水质污染及保护水资源环境等法律法规。1996 年水质污染防止法修订之后，日本还制定了被污染地下水的水质净化相关措施。经过多年治理，与 20 世纪 60 年代相比，东京地下水的水位上升了约 20m。

一些国家如英国、美国等，通过限制有机肥的施用量、施用时间及施用地点等，防止其对水体造成污染。

4. 配套技术

除了与节水直接相关的技术外，世界各国也注意到其他配套对于节水与保水同样具有重要的作用，在实施节水工程与节水技术的基础上，积极推行节水配套技术。

强化农田培肥：农田培肥是农业得以持续的基础。肥沃的土壤有利于田间储水与保水。为避免土壤有机质下降，保持土壤基础肥力，多数国家都十分重视有机肥或有机复合肥的施用。也有一些国家则实行农牧结合制，如澳大利亚实行农作物种植/种草养畜轮作，豆科牧草与作物轮作能有效增加土壤有机氮的积累；美国则在旱区推行高粱/肉牛农作制度。

推行作物轮作：发达国家农业商品化程度高，种植过于单一，有利于生产率的提高，但从水分平衡和土壤肥力方面来看有明显的弊端。对此，一些国家不仅重视对轮作的研究，而且极力倡导改作物连作为轮作。如美国、澳大利亚、印度等。

灌溉施肥：也称水肥一体化，即在灌溉的同时施入肥料，水肥同步施用，以提高灌溉水效率。这一技术在世界各国都得到了广泛应用。

5. 结构调整

农业是用水大户，通过调整农业结构或作物结构也可以达到一定的节水效果。世界上很多国家都出于节水的目的对农业结构进行了必要的调整。一是减少高耗水农作物，增加耗水量较少农作物；二是大力发展高附加值的农作物，减轻成本压力，提高农业用水的经济效益。以色列在发展节水灌溉过程中，减少了粮食作物的面积，扩大了高产值的蔬菜、水果和花卉等种植面积，优化了农业用水结构。

美国根据水资源分布情况进行了灌溉农业结构调整，将灌溉农业由水资源紧缺的地区转移到水资源丰富的地区。在 20 世纪 80 年代美国有 85%的灌溉面积在西部，15%在东部；而 90 年代有 77%的灌溉面积在西部，23%在东部。

多数国家根据所获得的水源及水质情况，选择相应的种植作物，因而形成了与节水相匹配的种植结构或农业结构。如那些淡水资源不足，咸水资源丰富的国家，在开发利用咸水的同时，相应地调整了区域种植结构，选择了耐旱、耐盐碱的作物。因国外多数国家对污水再利用制定了严格的水质标准，一般在食用作物上禁止使用水质不符合饮用水标准的再生水，因此，在污灌区形成了以园艺作物、牧草、绿肥、油料作物、棉花等作物为主的种植结构。

二、国外农业节水之管理与经验

（一）国外农业节水之管理

对水资源进行严格管理是各国节水的共同经验。不同的国家根据不同的国情、水情，在不同的水管理理念指导下，探索了不同的水资源管理模式。节水立法、加大节水设施建设投入、明确水权、建立水权制度、开展水费征收、进行节水补偿等，是各国进行水资源管理的普遍做法。

1. 水管理理念的变化

水管理工作的重点随着水管理理念的变化而改变。如加拿大的水利工作就经历了"水开发""水管理"和"可持续水管理"3 个发展阶段。1970 年加拿大《水法》颁布以前属水开发阶段，该阶段的主要特点是强调开发水资源的工程建设。1970—1987 年期间为水管理阶段，该阶段的主要特点是强调水资源的规划工作；水管理理念是仅将水作为一种消费性资源，着眼于如何向当代社会提供足够的水资源，确保满足用水需求。1987 年之后进入可持续水管理阶段，特点是围绕可持续发展主题强调水资源的可持续利用；水管理理念不仅强调水的消费性价值，也强调水的非消费性价值，着眼于构筑支撑社会可持续发展的水系，确保当代人和后代人用水权的平等。

西班牙政府先后确定了调水、海水淡化和水再利用等政策，并同时注重农田水利工程建设。2004 年之前实施调水政策，埃布罗河调水是其主要措施。2004年后，决定选择海水淡化和水再利用作为解决水短缺的手段，废止了《国家水文规划》中有关调水的内容，特别是埃布罗河调水项目。2011—2015 年政府在调水、海水淡化和水再利用方面的政策间摇摆不定。但海水淡化或者污水再利用等非传统获取水的方法不仅是辅助手段，而且是可行的替代调水策略。

2. 节水管理措施

（1）节水立法

以色列于 1959 年颁布《水法》，规定境内所有水资源均归国家所有。这是以色列水资源利用与管理的基本大法，先后根据水资源与经济社会发展形势进行了多次修订。2004 年，以色列议会通过了《水法》第 19 次修正案。在《水法》基础上，1965 年颁布了《河流和泉水管理机构法》、1967 年颁布《农垦（限制农业用地及用水）法》。

美国国会 1965 年通过了《水资源规划法》，其目的是为了加强水资源的综合管理，控制用水量的增长。1972 年，联邦政府颁布了《清洁用水法》，对水体的开发、利用尤其是水质提出了严格要求。依据《清洁用水法》，各州陆续出台了一系列包括水资源环保、水排放、地下水开采等方面更为严格的地方性法规。1996 年《美国安全饮用水法修正案》要求国家环保局为公共供水系统制定节水规划法。1998 年美国环保署颁布了城镇公共用水的《节水规划指南》，对不同规模公共供水系统提供了不同的最低限度的节水措施和规划，并对供水企业规定了一系列的节水措施要求。

日本节水立法模式是混合型立法模式，先采取制定一部总的、纲领式的、综合性法律，然后根据经济发展、社会需求和法律实践的需要逐步地制定各种单行节水的法律法规。《河川法》是日本全国性的水法，在日本的水资源管理和利用中处于纲领性的地位，按照水资源的不同用途，将水资源开发分为三类：生活用水、工业用水和农业用水。随后，在《河川法》之下又制定了《水资源开发促进法》，以流域为基础制定水资源基本规划，并以此为指导协调各方面的利益；制定《水资源开发公团法》，专门从事指定水系的水资源开发活动，以独立法人资格进行工程建设与运行管理；制订《水污染防治法》，注重水资源的总体规划和流域规划，注重水的可持续开发利用。还陆续制定了《水资源白皮书》《全国水资源综合规划》等许多纲领性文件，标志着日本水资源开发、利用和管理已经达到了一个新的高度。

1985 年，西班牙制定了《西班牙水法》，并于 2001 年进行了修订，《西班牙水法》规定调水需要特别的授权法案《国家水文规划》，即 NHP。《西班牙法令10/2001》批准了首部 NHP。NHP 强烈支持调水并制定了埃布罗河流域与东南地中海流域之间调水的法律框架。遗憾的是，几年之后，《2/2004 号令》废止了NHP 中的大部分内容，调水计划被束之高阁。然而，新版的 NHP 依然保留了各地区互助的原则，以及调出地区优先、环境可持续性、经济合理性及成本回收等管理调水的重要原则。

此外，英国 1963 年制定了《水资源法》，对水资源进行全面管理；苏联于1970 年制定了《苏联各加盟共和国水立法纲要》作为其基本水法，规定了水立法的目的、任务、所有制制度、水的国家管理和监督，水的开发、利用和保护，违反水法的责任等问题；《南非共和国水法》包括"水管理战略""水资源保护""用水""财政支持"以及"管理法规"等体系化的内容。另外，还有《德国水法》《匈牙利水法》《保加利亚水法》《法国水法》等。

但专门针对农业灌溉进行立法的国家不多。如印度的《孟买灌溉法》（1879年）、《中央邦灌溉法》（1931 年）、《迈索尔灌溉法》（1963 年）等；以色列的《水灌溉控制法》等。

（2）节水投入

不论是发达国家，还是发展中国家，政府对农业节水都有一定的扶持，如政府无偿投资、无息或低息贷款等。政府扶持与农民投入相结合，加大了农业节水投入力度，有力推动了农业节水的发展。各级政府均不同程度地承担了大型或骨干节水工程的生产。

美国灌溉投资主体为政府，给予水利项目 60% 以上的资金投入。对于农业灌溉骨干工程，联邦政府无偿投资 50%，地方政府负责剩余的 50%；一般水利工程，政府赠与工程总投资的 20%，剩余的由农民或建设单位承担。对于较为贫困的地区，联邦政府给予零利率贷款的优惠政策。贷款期限最长可达 40 年，年利息为 3%。农民还清全部贷款后，其产权则归农民所有。如此做法，极大地提高了农民兴建水利工程的积极性。

以色列和澳大利亚国家供水工程投资全部由国家负担，国家负责建设和管理骨干水源和供水管网，把灌溉水送到农场地头，农场内部节水灌溉设施的建设全部由农场主负担。以色列农场主在修建灌溉设施时，可以向政府申请不超过总投资 30% 的补助，或者向银行申请由政府提供担保的长期低息贷款；澳大利亚的农民则可向政府专门机构申请比普通商业贷款利率低 7 个百分点的优惠贷款。

以色列供水系统的运行维护费用由政府和用水者共同承担，用水者负担主要部分（70%），政府负担小部分（30%）；而澳大利亚则由政府承担。供水系统的运维费用主要来自于国家水管理部门所收的水费，但当水费收入不足于维持运维费用开支时，亏缺部分由政府补贴。

在日本，根据水利工程的大小，规定中央政府、地方政府和农户各自承担的投资比例。中央政府负责修建诸如水库、引水坝、干渠等大型水利工程，地方政府负责修建向农田供水的支渠，用水者协会负责毛渠的修建。灌溉面积 500hm^2 以上的干渠，由国家兴建，总投资的 2/3 由中央承担，县（相当于我国的省）承担 23.4%，市、町、村及受益农户只承担余下的 10%；县兴建的灌溉工程，总投资的一半由中央政府负担，县政府负担 25%，市、町、村及农户负担 25%；农户联合兴建的小型灌溉工程中央补助 45%。

（3）水权制度

水权是由法律确认或授予的水的使用权和处置权，是一种财产权利。水权可以继承，可以有偿出售转让，或存入"水银行"。美国是建立水权制度较早的国家，水资源分配是通过州政府管理的水权系统实现的。为维护水权，保障农业灌溉用水，政府通过立法规定，城市如果要使用或购买农村地下用水，要与农村通过协商、谈判，来决定转让的水量和方法以及输水时间和价格等。如洛杉矶因人口规模的扩大，与伊姆皮里灌区于1985年签订了为期35年的水权转让协议，灌区将采取包括渠道防渗、灌溉水重复利用等措施节约下来的水量，有偿转让给洛杉矶；作为补偿，洛杉矶负担相应的工程建设投资和部分增加的运行费。而农村也可以将节约的用水存入水银行，需水方可以到水银行去购买。明晰农业水权，允许水权有偿转让，不仅有利于实现公平有效的配水，而且极大地激励了水权拥有者节水的积极性，促进了农业节水技术的发展和提高。

（4）节水补偿

作为一种有效激励机制，世界各国都探索了节水补偿制度，从财政或相关政策方面制定了激励补偿政策，用于促进农业节水。

美国农业节水补偿方式的主要表现为"自由的市场交易"，即在水资源产权明晰的前提下，通过自由交易实现供求双方的利益均衡。水权转让和水银行是美国农业水资源商品化运作的2种典型模式，能够灵活调配使用农业水资源。通过水权转让，出让人将节约水量的使用权转让给他人，受让人则为出让人提供合理的资金补偿或用水设施改造。水银行是一种第三方水资源补偿机制，通过向水权富余者购买、租赁水权，并将其出租或出售给需要用水的主体，可大大降低一对一进行水资源交易的成本。此外，美国政府还通过退税、低息免息贷款、发行专项债券等财政、金融优惠政策，支持农业节水灌溉设施的建设；设立专项资金对采用农业节水灌溉技术的企业和个人给予财政补贴。

以色列的农业节水补偿方式主要表现为"收费及限额交易"，即由政府代表全体国民向公有资源的私人使用者收费，并分配交易限额。通过建立补偿基金对农业水费进行补贴，同时，采用经济激励手段强化农业用水管理，奖惩分明，对用水超出配额的用户实行罚款，用来奖励按配额用水的用户，以促进节水灌溉。为了节约农业用水，以色列还鼓励农民使用处理过的污水或海水淡化水进行灌溉，其收费标准比饮用水低20%左右，亏损由政府补贴。此外，政府还投巨资进行节水技术研发与推广。

日本的农业节水生态补偿方式主要表现为"产权的分配与让渡"，即通过产权的分配与让渡使相关方权利乃至利益均衡。

此外，各级政府均不同程度地承担了大型或骨干节水工程的生产，还对节约灌溉用水进行补贴，这在发展中国家和发达国家都已经普遍存在。

（5）水费征收

水费是使用供水工程供应的水的单位和个人，按照规定向供水单位缴纳的费用。许多国家的水法，对全部或部分用水实行征收水费制度。征收水费的目的是为了合理利用水资源，促进节约用水，保障水利工程必需的运行管理、大修和更新改造费用。

①以色列。以色列实行全国统一水价，通过建立补偿基金（通过对用户用水配额实行征税筹措）对不同地区和不同部门进行水费补贴，用较高的水价和严格的奖罚措施促进节水灌溉。

为鼓励农业节水，以色列采取了用水配额和阶梯水价相结合的措施。不同的用水单位有不同的用水配额。用水单位所交纳的水费是按照其用水配额的百分比计算的，超额用水，加倍付款。对配额水的前50%的用水按正常价收费，其余的50%按正常水价的140%收费。对于超过配额用水的前10%，水价为正常水价的260%，再多的超额用水水价为正常水价的500%。此外，以色列还鼓励农民使用经处理后的城市废水进行灌溉，其收费标准比正常水价低20%，亏损部分由政府补贴。

②美国。美国水价制定的总原则是：供水单位不以赢利为目的，但要保证偿还供水部分的工程投资和承担供水部分的工程维护管理、更新改造所需开支。美国各类用水实行不同的水价，同时，采用不同级别的水价政策，包括联邦供水工程水价、州政府工程水价以及供水机构的水价等。联邦工程灌溉用水定价，只考虑偿还工程建设费用，不支付利息；州政府建设的水利工程灌溉用水定价，须包括全部的运行费、所分摊的投资、利息及其他费用；灌区水管部门从水利工程处购水再卖给灌溉用水户，其水费除水利工程购水费外，还包括灌区水管部门的配水系统成本、运行维护费、行政管理费。美国所采用的水价结构随水资源条件不同各地有较大差异，但近年来都逐渐采用有利于节水的水价结构，如累进水价。另外，农民使用处理后的废水（可达到地面水三类标准）进行农业灌溉，水价只有正常地表水供水价格的1/3左右。

③澳大利亚。澳大利亚对各用水户都按全成本核算水价。灌溉水价主要根据

用户的用水量、作物种类及水质等因素确定，一般实行基本费用加计量费用的两费制。灌溉供水不取利润，供水单位不以赢利为目的；政府管理的灌区所收水费，只能用于工程维护和运行开支，水费要收支平衡；若有结余可接转下年用于工程维护。

（二）国外农业节水之经验

1. 美国

美国发展节水农业，政府主要在保证政府投入、建立完备节水灌溉体系、推广多种节水灌溉技术以及技术推广市场化等方面进行了富有成效的工作。

（1）政府从财政、金融政策上，扶持和推广农业节水灌溉技术

为了有效缓解中西部水资源匮乏问题，联邦政府和州政府投入大量资金优先发展节水灌溉工程，并对采用农业节水灌溉技术的企业和个人进行财政补贴。同时，制定相关金融政策，为农业节水灌溉工程、甚至是水利工程提供低息或免息贷款；在税收上给予退税的优惠政策；在融资方面通过政府发行专项债券，筹集资金，支持农业节水灌溉工程的建设。

（2）积极推进农业节水灌溉体系的建立

根据东西部的实际情况，建立相应的农业节水灌溉体系。例如，在西部干旱地区，推广的是滴灌、渗灌节水技术，目前占到总节水面积的7%左右；而在中部推广的是喷灌技术，占到总节水面积的50%左右；东部则更多推广地面节水灌溉技术，占到43%。

（3）高度重视农业节水技术的推广

美国政府在不同地区设置从事农田灌溉试验的研究中心，并无偿向周边农民提供灌溉技术和方法方面的培训。同时，农业部有一笔专项资金用于建立节水示范区，以引导农民自觉采用先进的节水灌溉技术，并且对采用农业节水灌溉技术的企业和个人给予财政补贴。此外，为了更好推广农业节水技术，农业灌溉技术推广公司和公益机构派出专门技术人员现场指导，根据作物、土壤以及天气等情况进行精确灌溉。

2. 以色列

以色列是一个沙漠国家，大部分地区平均降水不足200mm。针对水资源严重

匮乏的状况，以色列政府将对水资源的开发、保护、管理和科学使用纳入到可持续发展战略。新中国成立 60 多年来，以色列对有限水资源的高效利用成绩斐然，如农业产量增长 12 倍，而用水量只增加了 3 倍。以色列高效利用水资源，一是靠科学管理；二是开源节流，其做法值得借鉴。

（1）科学管理水资源

以色列全国每年可利用淡水资源约为 20 亿 m³，人均水资源占有量不足 370m³，远低于国际公认的贫水线（人均 1 000m³）。因此，以色列将水资源定为国家的战略资源，对其进行合理配置和有效管理。

第一，制定相关的法律、法规，实行严格管理。以政府于 1959 年颁布了《水法》，后又两度进行修改。《水法》对用水权、用水额度、水费征收、水质控制等都做了详细规定，包括：一是水资源归国家所有，由国家统一管理。二是水资源主要满足民用和国家发展，包括家用、农业、工业、手工业、商业和公共服务业等。三是严格控制水资源使用和地下水开采。对主要水源加利利湖和地下水建立了"红线"制度。即规定水资源使用限制线。四是政府有权对某些特殊缺水的地区实施指令性"配给"，即根据不同的用途、用水量和用水质量标准制定配给量。五是所有用水户都必须安装水表，实行计量收费。《水法》的颁布，为国家设立处理涉水事务的行政和司法机构提供了法律依据。

此外，以政府还运用经济手段和市场机制促进节水。一是实行用水许可制度和配额制；二是对水资源实行严格的配额奖惩措施。城市水价远高于农业用水，且另收取污水处理费。对农业水费的征收实行阶梯价格，分 3 个等级。

第二，设立水资源管理机构，对水资源的开发、分配、收费及污水处理等事宜实行统一管理。

水利理事会负责《水法》的具体实施。水资源委员会负责收集信息，对水资源进行监管；通过发放生产许可证等方式，规范用水生产；规定用水价格，征收水费；对水利经济进行长期规划。水事法庭负责处理与水有关的法律问题。水价基金会主要负责为一些特殊的犹太人定居点提供补贴。国营水利公司主要有 2家，一个是国家水规划公司，主要负责国家及各个地区的水利工程设计；另一个是麦克罗特公司，负责全国输水系统的管理、开发新水源、保证全国各地的正常用水，并从事打井、净化海水、盐水和污水处理等具体的工程项目。

另外，加强宣传教育，重视提高全民节水意识。

（2）开源节流

开源节流是以色列水资源战略的重要组成部分。

①开源。建设国家输配水工程。以色列北部水资源相对充沛，但耕地较少；南部耕地占全国的65%，但水资源仅为全国的20%。为了解决水资源、耕地的不均衡问题，以色列从1953年开始投资1.47亿美元、历时11年修建了国家输水工程，将北部加利利湖的淡水通过地下管道输送到沿海和南部干旱的内盖夫沙漠，有效解决了这些地区的缺水问题，成为以色列全国统一调配水资源的主动脉。经过40多年的发展建设，以色列国家输水工程现已形成覆盖全国的淡水供应网，主管道和分支管道总长1.05万km，年输水量14亿m³。国家输水工程水资源委员会可根据各地区不同的条件和需要调配供水。

利用海水：尽管海水淡化成本比地下咸水净化要高3倍，但因地下咸水资源有限，从长远看，海水淡化才是以色列解决水资源短缺的根本途径。自20世纪60年代起，以科技人员就一直致力于海水淡化的研究。近年来，随着技术逐渐成熟和成本降低，淡化海水的生产量增长迅速。以色列2013年海水淡化供水能力达到6亿m³/年，预计2020年将增加到7.5亿m³/年。以色列的海水淡化成本也已低至1美元/m³以下，最好的做到了0.54美元/m³，居于世界领先水平。2015年，以色列海水淡化水供水量占总供水的50%以上！预计到2050年时70%的生活用水将是海水淡化水。此外，以还想办法直接利用海水，专门培育了用海水灌溉的灌木和以这种灌木为主要饲料的羊。

开发地下咸水：为了节约淡水，以大力开发地下咸水。专门培育了适用咸水灌溉的小麦、棉花、西瓜、番茄等作物品种。还在内盖夫沙漠建立了专门从事微咸水研究和灌溉利用的Ramat HaNegev农业研发中心，将地下微咸水与循环利用的废水、从北部输送过来的淡水3种水按一定比例混合后对作物进行灌溉。

雨水利用：由于北部降水较多，以色列充分利用北部山地、丘陵，顺山势以及从岩洞中渗漏出的水流方向，挖掘引水小沟，修建小型蓄水池，并在水流经之地因地制宜地种植果树。

进口淡水：按照与土耳其达成的协议，以色列每年从土耳其进口5 000万m³

淡水。

②节流。开发污水再利用技术。以政府于 1972 年制定了"国家污水再利用工程"计划，开展利用污水进行灌溉的研究和试验。根据计划，以兴建了污水处理厂和蓄水池，负责处理污水和生产净化水，并将经处理的污水通过管道与全国水网相连。一部分可用于农业灌溉；一部分还可作为非饮用的生活用水。此外，以研究人员还研发出"土壤蓄水层处理技术"，即将经处理后的污水重新注入蓄水层，这样做的好处，一是含水层可有效地保存水，减少因蒸发而造成的损失，从而成为水源再补给的"地下水库"；二是土层可起到过滤作用，从而达到额外的净化效果。使用该技术将污水处理后，每年可生产约 1 亿 m^3 的净化水，质量与淡水相当。以色列的污水利用率达 90%，占农业用水的 20%，约 60% 的城市污水在进行无害化处理后用于灌溉。

研发和推广节水灌溉技术。以色列政府在节水灌溉方面投入了大量研发经费，使其农业节水灌溉技术和装备处于世界领先水平。以色列人发明了滴灌技术，是目前最为节水的技术。世界上最先进的以色列滴灌能够做到 1L/小时左右。以色列滴灌面积占其全部灌溉面积的 70%，以色列灌溉水利用率达到 90%，灌溉水有效利用系数达到了 0.88，处于世界领先水平。以色列的农田与温室大棚普遍采用了喷灌和滴灌的方式，实行了灌溉的自动化管理，灌溉系统普遍采用计算机控制，具有自动化程度高、配套齐全和可靠性高等优点，其灌溉控制器能够控制多达十几路的电磁阀，根据土壤湿度、作物长势等因素自动进行灌溉，系统内存有多种灌溉程序，浇水时间可按日期设定每次每路灌水起始时间，便于小规模农场主操作。

3. 澳大利亚

澳大利亚农牧业的用水量占全国用水总量的比例超过了 60%。澳大利亚许多灌溉工程过去主要采用传统的地面沟、畦灌或大水漫灌，74% 的灌溉用水是地表水，其余是地下水。近年来，由于灌溉水源紧张及长期大水漫灌造成地下水位上升、土壤盐渍化，澳政府从节水计划、减少渗漏、制定合适的水价、推行农业节水、提高公众节水意识等方面制定节水措施，取得了明显成效。

（1）鼓励兴建和改造节水灌溉工程

澳大利亚各级政府从多方面扶持节水灌溉的发展，灌溉工程斗渠以上的部分由政府投资兴建，并成立专门机构管理。农场内部设施由农场主自己负责。农民兴建节水灌溉工程可向政府专门机构申请比普通商业贷款利率低的优惠贷款。政府鼓励农场改造灌溉渠道，推广应用先进的微、喷、滴灌节水技术，以改变传统灌水方式。农场主改造灌溉系统，可以向州政府申请补助。

（2）严格用水配额限制用水

各个农场的边界接水口多装有用水计量，按预先分配的水量用水。州政府严格用水配额，不允许农民私自建坝拦水，如果建坝的拦水量超过径流量的10%，则必须向州政府申请。对城市草坪浇水、洗车等用水实行限制，并接受社会监督。

（3）推广节水灌溉与旱作农业新技术

澳大利亚是世界上推广微灌面积较多的国家之一。其喷微灌的种类、技术和相应产品都走在世界前列。喷滴灌已占全国灌溉面积的20%，且所占比重逐年上升。此外，大部分地区还应用了免耕、休耕、少耕、秸秆覆盖等保护性耕作技术，促进土壤保墒。

（4）运用市场机制对用水进行调节

20世纪80年代以后，澳大利亚政府推行水改革，逐步建立了水权制度。水权可以通过市场进行交易，水权的市场交易由水权管理机构批准，办理相关手续，交付相应费用，并变更水权。水权交易改变了供水工程建设管理的投、融资方式，使用水户更直接地参与供水管理。20世纪90年代以来，随着水权管理体制的变革，澳大利亚对水价制度进行了较大的改革，要求供水水价能回收供水的实际成本，近年来水价平均每年涨幅在10%左右。水价结构也在进行调整，以期更加科学合理。

4. 日本

除了通过立法对节水进行管理、加大节水农业技术研发外，日本还在建立水资源统计账、支持节水工程建设和加大节水宣传方面取得了经验。

（1）建立全国水资源统计账，准确把握使用情况

日本有一本非常详细的全国水资源统计账。每年按照地区、产业、用途等分类对水资源的开发、利用等情况进行详细的统计汇总，可以准确地把握水资源的管理和使用情况。2009年，日本农业用水占总用水量的66.7%。

（2）加大财政投入，推进节水工程建设

日本的各级政府均投入了大量的财政资金支持灌溉工程建设，中央政府负责修建诸如水库、引水坝、干渠这类灌溉设施，地方政府负责修建向农田供水的支渠，用水者协会负责毛渠的修建。各级政府对灌溉工程设施给予相当大的财政支持。通常来说，灌溉工程的规模越大，中央财政补助份额越大，中央财政对中型灌区的补助高达75%。

（3）提倡保护水环境，恢复水文化

1999年以来，日本每年都要举行多次以水为主题的宣传活动，包括利用每年的联合国水日、日本的水日及水周，向民众宣传水的珍贵性及水资源开发与保护的重要性，增强国民的节水意识。

日本每年3月22日的世界水日都要举办"水资源研究专题研讨会"，以提高公众关注水资源的意识。同时，还把每年8月1日定为日本的水日，随后的一周被定为水周。在水周中，政府、地方当局和相关团体会举办多种活动。

5. 西班牙

西班牙是世界上水管理较为先进的国家之一。西班牙水资源短缺，供需矛盾突出，因此全国的水资源全部实现按流域管理，使水资源的开发、配置、保护等科学规范，水利工程的管理运行处于良好状态。

（1）水资源管理制度完善

西班牙《水法》明确规定水资源属国家所有，国家的水管理原则是实行按流域管理。根据法律，全国跨大区的河流共成立了9个"流域水文地理委员会"，统一管理所在流域的水事务。委员会成员有中央政府环境部、农业渔业部、工业能源部、卫生部的各1名代表；每个大区至少有1名代表参加，代表人数按各大区在本流域中面积及人口决定；灌溉、水电等各部门代表至少要占1/3；委员会的办事机构即流域机构也有代表参加。流域机构的主要职责有：一是编制、修订流域水规划草案；二是管理和控制用水；三是设计、建造本流域水工程项目。

流域机构的主要权利和义务有：一是发放用水许可证，对涉及国计民生的工程和用水，则由西班牙公共工程和区划部负责签发。二是对发放用水许可证的执行情况进行检查和监督。三是完成必要的测量工作和水文调研工作；收集洪水资料，并监控水质。四是规划、设计、施工、管理一些工程项目，包括流域机构本身的规划项目以及外界委托的项目。五是按照水文规划要求确定应达到的水质标准和工作计划。六是为达到一些特定目标提供技术服务，必要时，为乡政府、区政府、市政当局以及其他公司单位、实体和个体单位提供咨询服务。

西班牙重视水资源管理工作，还体现在水资源的综合管理上。西班牙政府在对国内水资源进行系统勘测和科学论证的基础上，提出并实施了"全国水资源整治计划"。根据计划，未来几年将采取全面加固水库、整治河流、强化污水处理、净化水源等措施。水资源整治计划的全面实施，将为西班牙经济的持续发展打下良好的基础。

（2）多举措推进农业节水灌溉

对节水农业提供财政支持：西班牙农业灌溉工程的科研、设计等技术方面的费用，全部由政府支付；灌溉工程建设费用政府资助50%，其余50%由地方政府支付或者使用由政府提供担保的优惠贷款；另外，每年政府还向农场主提供资助，帮助农场主发展农业节水灌溉。农业节水灌溉所用水源以及输水管网的建设和管理，都由政府负责，政府将灌溉用水直接送到农场或农户的地边。对于田间灌溉设施的投资，政府还提供1/3左右的资金补助。银行对发展节水灌溉的农户还提供长期低息贷款。

大力开发和采用节水灌溉技术与先进的灌溉设备：西班牙建立有较为完善的节水灌溉技术及材料的研究、开发、生产、培训、销售和服务体系，不断研究和开发各种先进的节水灌溉技术和设备，不仅极大地促进了节水灌溉的发展，而且其节水技术和设备等也大量进入国际市场，成为一个具有竞争优势的产业。

调整农业种植结构，提高农业生产的质量和效益：发展节水灌溉设施会增加一定的农业生产成本。为了降低农业成本，西班牙的很多地方都对农业结构进行了必要的调整。一是减少高耗水农作物的种植，增加耗水量较少的农作物比例；二是大力发展高附加值的农作物，减轻成本增加的压力，提高农业经济效益。在西班牙各地，农业节水灌溉的发展，一般都与高效益农业相关联。在一般的缺水地区，高效集约的农业生产都采用了节水灌溉技术。

（3）注重灌区管理的信息化

在西班牙，不论是灌区灌溉管理、地下水管理，水电站、水库供水系统还是水质监测，均已实现计算机自动控制，实现实时监控，非常方便快捷。在水管理中，普遍采用了计算机技术，建立了信息调度中心。工程运行的数据，外部环境数据均通过遥测站点用专门的通讯网络传到调度中心，经计算机处理后，及时进行防汛、供水、发电、灌溉等调度。例如，西班牙的胡卡尔河，全流域4.3 万 km^2，设有 107 个雨量站，27 个水位站，19 个河流流量站，5 个流速站，89 个闸门测量站。在监控室内就可以知道各地的降雨、水情、河流流量、水库、渠道与配水情况等。西班牙瓦伦西亚的灌溉用水者协会，采用计算机进行灌溉管理，灌区所有的地下水水位、水量以及渠道闸门、流量等数据均通过计算机进行实时监控，反映出当地农民进行灌溉管理的先进水平。

三、国外农业节水之趋势与启示

（一）国外农业节水之趋势

随着水管理理念的不断变化，以及科技技术的不断进步，节水型农业概念的强化，以及节水并不是简单的建设节水灌溉工程、安装滴灌、微灌设施的观念形成，农艺节水、生物节水、管理节水作用强化，国外尤其是发达国家的农业节水发展趋势主要表现在以下几个方面。

1. 农业用水开源趋于多样化

为节约使用淡水或保护地下水，各国在开源上下足了功夫。普遍重视非常规水源的开发利用。第一，是重视雨水资源的收集与利用，因地制宜地修建储水设施，有些国家还对此进行了立法管理，使之成为一种强制措施。第二，一些海水资源丰富的国家，则开展了海水淡化处理。如以色列目前海水淡化技术与成本均处于世界领先水平，总供水量一半以上为淡化海水。第三，选择合适的灌溉方式与耐盐作物，即可实现对微咸水的开发利用。第四，是加大对废水循环再利用，可大大减少对新水的需求量。如美国加州再生水的 45.9%用于农业灌溉。

2. 节水技术研发趋于高新化

一是更加重视节水新品种培育。利用基因改良技术培育抗旱节水型作物新品种。在种植业领域，通过基因的转移和重组，培育出抗旱的或能适宜咸水灌溉的农作物品种可节约淡水资源。如以色列通过作物遗传育种，专门培育出适宜咸水灌溉的小麦、番茄、棉花等作物新品种，可以利用浓度高达0.45%的咸水灌溉，尤其是西红柿，不仅甜度高，而且储存期长，可达15天不变质。培育可利用咸水进行灌溉的作物品种可大大缓解淡水资源的紧缺。

二是高效环保型低成本节水材料与制剂是未来节水农业研发的亮点。现有节水材料、制剂成本高，且节水设备产品没有系列化、标准化，对节水灌溉规模的扩大有一定的局限。为普及节水灌溉，防止灌溉水引发的污染，保全现有的可利用水资源，利用纳米等新技术研制低成本、高效环保型标准化、系列化的节水材料及制剂是未来节水农业研发的一个亮点。

三是利用作物生理特性改进水分利用效率成为农业节水研究的热点。通过水分缺少对作物的后效性影响，提高水分生产率的机理，加强作物高效用水生理调控与非充分灌溉理论不断深入研究。

3. 节水灌溉技术趋于自动化

实现节水灌溉系统的自动化是其发展的必然趋势。采用计算机控制能够实现人机交互，系统内建有灌溉管理程序库，每套程序能够独立控制所有电磁阀，灌溉过程实行远程控制。当灌溉系统的水路压力、泵阀或者传感器等出现异常情况时，系统能够自动关闭，待检修完成重新启动系统。由于地区和气候的差异，土壤的湿润程度会有较大变化，这就需要建立以各种传感器为测量元件的闭环反馈系统，实现灌溉系统的自动化，达到按需灌溉。节水灌溉系统还应该能够实现水肥耦合的自动化，适时适量地将水分和化肥同步施入到作物根区，提高水分和养分的利用率，减少环境污染。在实现灌溉系统自动化的同时，灌溉设施的安装也要实现机械自动化，如滴灌带的铺设、回收等。

此外，3S技术、互联网技术、AI技术、云计算等技术也越来越广泛地应用于农业节水，使农业节水灌溉技术逐步走向标准化、精准化、智能化。

4. 节水管理措施趋于综合化

一是从单纯的节水向水资源综合管理转变。各国在节水农业发展前期无一例外地将渠系输水、田间灌水环节节水作为节水重点，主要重视固化渠系及田间配水设施，或者加大微喷灌的投资规模及力度。随着水环境概念的强化，土壤储水保水、生物节水等也得到了各国的重视。如美国在 20 世纪 70 年代以前，用水政策的重点在于水资源的开发；70 年代以后，明显增加了水资源保护的内容，注重了包括雨养农业在内的节水农业的发展。到目前为止，发达国家在节水农业方面形成了开源节流、止损节水、防污节水、配套节水、管理节水等较为完善的水资源综合管理体系。

二是可持续水管理是管理节水的新理念和最终归宿。水资源是一切生物生命之源，是整个地球生命的保障。不仅要保障生活用水，生产用水，还保障生态用水；不仅要保障当代人的用水权益，还要保障后代人的用水权益；不仅要强调水的消费价值，也强调水的非消费价值，着眼于构筑支撑社会可持续发展的水系统，保障现代和后人的平等用水权。

（二）国外农业节水之类比

世界各国水资源情况差异很大，而水资源量在很大程度上取决于当地的降水量。因此，寻找与北京气候条件相仿的国家/地区的农业用水情况进行对比，对北京市的借鉴意义会更大。

1. 与北京市气候相仿国家的选取

北京属暖温带大陆性季风气候，年降水量在 500～600mm。世界范围内与此相类似的只有亚热带大陆性干旱与半干旱气候的国家（地区）。该类型国家（地区）主要有美国的德克萨斯州，阿根廷中部（与巴西接壤部分），巴基斯坦北部，南非东海岸以及澳大利亚东部的新英格兰山脉、澳大利亚山脉的西侧。这些国家或地区的气候特征是年降水 500～600mm，雨热同步，夏季雨水多，夏 3 月集中了全年 50% 以上的降水；冬季寒冷，最冷月份的月平均气温在 2℃ 以上。因国家地区数据难以获得，因此，取国家数据进行分析比较。除上述与北京市气候类型相仿的国家外，还选取了世界节水最为先进的以色列一并进行比较。

从所选取 5 个国家的常年降水量来看，以色列的降水量最少，为 435mm/年；其次是南非，将近 500mm/年；阿根廷和澳大利亚与北京最为接近，都在 500～600mm/年；美国的降水量最多，为 715mm/年。

2. 与北京市气候相仿国家的农业用水情况

尽管各国的降水量相差不大，但水资源压力却不尽相同。以色列的水资源压

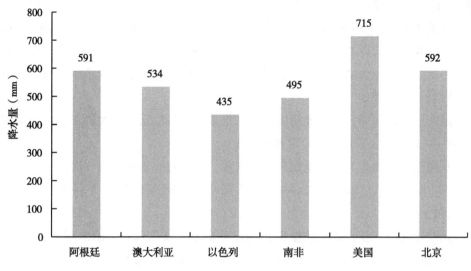

图 5-1 与北京市气候相仿国家/地区的常年降水量

力最大,新水用量占可再生水资源量的比重高达 79.7%;其次是南非,为30.2%;再次是美国(13.6%);压力最小的是阿根廷和澳大利亚,分别为 4.3%和 3.4%,详见表 5-2。

表 5-2 与北京市气候相仿国家的用水情况

项目	阿根廷		澳大利亚		以色列		南非		美国	
	数值	年份	数值	年份	数值	年份	数值	年份	数值	年份
实际灌溉面积占灌溉控制面积的比重(%)	92	2008	93	2013	81	2006	91	2008	83	2008
灌溉控制面积占可耕地面积比重(%)	5.8	2011	5.7	2006	59	2004	12.9	2012	16.9	2012
农业用新水占全社会新水用量的比重(%)	74	2014	61	2015	52	2009	63	2013	40	2014
新水用量占可再生水资源量的比重(%)	4.3	2011	3.4	2015	79.7	2004	30.2	2013	13.6	2012
农业用新水量占可再生水资源量的比重(%)	3.2	2011	2.2	2015	57.1	2009	18.9	2013	5.7	2012

数据来源:根据 FAO 数据整理

在这些国家中,农业用新水占全社会新水用量的比重,除美国外都超过了

50%，即使是最为缺水的以色列，农业用新水的比重也达到了 52%，澳大利亚和南非分别为 61% 和 63%，阿根廷则高达 74%。美国的农业用水比重为 40%，低于工业用水比重的 51%，这与美国降水全年分布较为均匀有密切关系。可以看出，不管水资源压力大小，这些国家除美国外仍将 50% 以上的新水用于农业，可见其对农业的重视。

从实际灌溉面积占灌溉控制面积的比重来看，阿根廷、澳大利亚、南非都高达 90% 以上，以色列和美国均为 80% 以上。

从灌溉控制面积占可耕地面积比重来看，以色列的比重最高，达 59%，其次是美国（16.9），南非为 12.9%，比重最小的是阿根廷和澳大利亚，分别为 5.8% 和 5.7%。

从节水灌溉面积占灌溉控制面积的比重来看，以色列的节灌面积比重最高，100% 采用了喷灌和局部灌溉，其中，局部灌溉（滴灌与渗灌等）比重高达 75%；其二是南非，节灌比重为 77%（喷灌比重 55%，局部灌溉比重 22%）。其三是美国，节灌比重为 54.8%，节灌技术以喷灌为主；其四是澳大利亚，节灌比重为 2.18%；阿根廷的节灌比重最低，为 17.3%。除以色列外，阿根廷、澳大利亚、南非、美国的节灌都是以喷灌为主（表 5-3）。

表 5-3　与北京市气候相仿国家节水灌溉面积比重　　　　　　　（单位：%）

	阿根廷	澳大利亚	以色列	南非	美国
地表灌溉	82.7	71.9	0	23.1	45.2
喷灌	11.9	20.6	25	55.1	47.9
局部灌溉	5.39	7.5	75	21.9	6.93
节灌比重	17.3	28.1	100	77.0	54.8

数据来源：根据 FAO 数据整理

（三）国外农业节水之启示

在世界范围内，节水农业因不同国家的经济发展水平和缺水的程度不同而存在不同的发展模式。以美国、日本、以色列、澳大利亚等为代表的经济发达国家，节水农业的发展主要采用以高标准的固化渠道和管道输水技术，现代喷灌、微灌技术与改进后的地面灌水技术为主，并与天然降水资源利用技术，生物节水技术、农业节水技术与用水系统的现代化管理技术相结合的模式。而以埃及、巴基斯坦、斯里兰卡、印度等为代表的经济欠发达国家，由于受其经济条件和技术水平的限制，节水农业的发展主要采用以渠道防渗技术和地面灌水技术为主，配合相应的农业措施以及天然降水资源利用技术的模式。

我国农业节水不论从技术上、设备上，还是从管理体制和制度上，与国外还存在很大差距。国外农业节水的措施与经验，对我国发展农业节水有诸多启示。

1. 加强政府在发展节水农业中的作用

第一，是水利工程建设，政府不仅要在大型水利工程建设中发挥主要投资作用，在田间节水灌溉工程中也要给予建设者一定的补贴。第二，政府应该在农业节水灌溉技术推广上占据主导地位，建立一个覆盖全域的节水灌溉技术推广体系，对节水技术采用者进行免费咨询、技术指导与培训。第三，是在推广政策上提供金融政策优惠，给采用节水灌溉技术的农户或企业提供低息、甚至无息贷款。第四，是对节水灌溉技术研发提供必要的补贴和融资政策支持，对生产核心设备的企业给予一定的补贴。第五，是在节水宣传上政府要发挥主导作用，在中小学教育中增加节水教学内容，节水从娃娃抓起；利用一年一度的联合国水日和中国水周，开展多种形式的节水宣传，增强民众的节水意识。

2. 利用经济杠杆促进农业节水

从全球范围内看，灌溉用水的水价远低于生活、城市和工业用水。即使是在像美国、以色列这样的灌溉系统能够达到自我维持发展的国家，其灌溉用水的价格仍然远低于其他用水的水价。但是，为了鼓励农业节水，各国都制定了相应的水价政策。澳大利亚和美国是完全采取市场制的水价政策，农业用水水价虽不以赢利为目的，但要求完全收回成本。

3. 重视农业节水技术研发与推广

以色列每年用于农业研究与开发的投入达 8 000 多万美元，占农业GDP2.6%，居世界第四位。尤其在农业节水灌溉技术方面科研投入十分巨大，其节水灌溉技术和设备具国际先进水平，输出到世界各地，已成为一个具有竞争优势的产业。美国在节水农业方面坚持学、研、推一体化。美国农业部自然资源保护局是负责全美田间灌溉和用水的机构，在全美各地有十多个农田灌溉试验研究中心，通过试验改进各种灌溉技术、灌溉方法，提供灌溉信息和技术服务，并无偿对农民进行培训。

4. 重视非常规水源的开发与利用

我国的淡水资源十分有限，在节约使用淡水的基础上，还要重视非常规水源的开发与利用。我国为大陆性季风气候，雨热同季，降水的时空分布不均，但雨水收集与利用的空间巨大。除了建水窖、水坝进行蓄水外，还要重视田间集雨种植方式的研究与应用。不仅要加大污水处理再利用力度，还要出台法律法规防止生产或排水对水体造成污染，并制定相关措施对水体进行保护与污染修复。从开源、节流、止损、管理4个环节加大对非常规水源的开发利用。

5. 加强水资源可持续管理

一是要转变理念，改单纯的"节水"为"水资源综合管理"，不仅要把"地下水管起来、雨洪水蓄起来、再生水用起来"，还要建立水资源立体调配机制，实现天上水、地表水、地下水三水联调。二是要对区域水资源进行定期普查，建立详细的统计制度，摸清水资源的家底和利用情况，为水资源利用规划和分配方案的制订提供科学依据。三是不仅要重视节水技术的推广与应用，还要重视与节水、保水相关配套技术的推广与应用，尤其是我国传统精耕细作农业中的节水保墒技术，在现代农业节水中仍有相当大的应用价值。

第六章　北京市发展节水农业的
相关对策与建议

一、北京市发展节水农业的相关对策

(一) 基于节水的北京市农业结构调整的对策

基于以上研究，借鉴国外农业节水的经验与启示，从强化节水宣传、开源节水并举、多管齐下节水、完善制度法规等方面，提出基于节水的北京市农业结构调整的对策建议。

1. 农业布局优化要与水资源分布相适应

从北京市多年（1980—2016 年）降水分布图来看，密云、平谷、顺义大部，怀柔东南部的降水均在 550mm 以上，而密云水库库区降水量更是在 600mm 以上，是北京市降水较多的区域，即相对富水区。目前，北京市农业布局的重点是在位于南部或东南部的平原区，而这一区域降水相对较少，而且北京市业已形成的面积约 1 000km² 的地下水降落漏斗区就位于该区域内的朝阳黄港、长店至顺义的米各庄一带。今后北京农业的布局调整要向相对富水区倾斜，以充分利用降水，在产业选择上重点发展鲜果、蔬菜和渔业等相对耗水但用水效益相对较高的产业。

2. 高耗水作物的调减与布局调整

从国外经验来看，在水资源紧张的地区也不是一味地、简单地调减高耗水作物。是否调减高耗水作物主要取决于两个因素，一是作物的经济效益；二是用水成本。如果有较高的经济效益，远高于用水成本，而且运用节水技术使其用水量控制在限额之内，则不仅不会调减这些高耗水作物，而且还有可能扩大种植规模。如蔬菜一般都是高耗水作物，但经济效益较高。在荷兰和以色列，利用温室环境自动化程度较高的设施和高效节水技术甚至是水循环利用技术，种植业中蔬菜的比重也较高。

由此看来，高耗水作物的调减应该是指高耗水且经济效益低的作物，主要是商品粮种植面积。对北京市而言，商品粮种植和露地蔬菜种植，首先应该在地下水严重超采区退出；其次，逐步在地下水位较深的区域退出。

3. 推广应用适水种植结构优化技术

适水种植就是根据地区可利用水资源的特点，合理安排、调整作物种植结构。推广应用适水种植结构优化技术，适当压缩、控制高耗水作物面积，扩大需水与降水适配度较好、耐旱、水分利用率高的作物面积，实现农业水资源的可持续利用。

适水种植的原则是减少对地下水的消耗，充分利用降水、再生水和微咸水。在山前地带降水相对较多的地方，可种植水分需求与雨季相对同步的作物，多利用自然降水。

4. 在节水与效益兼顾的前提下适当发展畜牧业

畜牧业所造成的点源污染一直人们所诟病，北京市基于环境考虑不断扩大禁养范围，并有将畜牧业逐步"驱离"北京之势。但相对于种植业，畜牧业的比较经济效益较高，用水相对效益也较高，大幅度缩减畜牧业规模，会对北京市的农业产值较大影响。因此，从节水与效益兼顾的角度出发，应适当发展畜牧业。只要畜牧业的规模与种植业规模相匹配，实施种养结合，同时，加大对养殖业粪污的资源化处理，不仅不会对环境造成污染，而且还能够实现种养平衡，也会为北京市的土壤培肥和发展有机农业提供肥源保障。

5. 在节水与生态兼顾的前提下大力发展林业

林业的生态效益不言而喻。北京市曾在 2012 年启动平原地区百万亩造林工程，至 2015 年全市新增 105 万亩林地，此后 2 年又在城市副中心等重点区域新造林地 12 万亩，平原地区森林覆盖率提升至 26.8%，比 5 年前提高近 12%。为进一步推进加强生态文明建设、打造国际一流和谐宜居之都，北京将启动新一轮百万亩造林绿化行动计划。本研究的结果也显示，林业用水的相对效益较高。大力发展林业不仅可以实现节水，还可以兼顾经济效益与生态效益。发展林业不仅仅是造林，更要大力发展与林业相关的产业。如林下经济、蜂产业以及与旅游业相结合的林游产业，与健康养生相结合的森林养生产业，与创意产业相结合的林业创意产业等，挖掘林业的增值空间，巩固造林成果。

（二）基于驱动力分析的农业用水结构调整的对策

农业是用水大户，种植业用水是北京市农业用水的重要门户，也是节水潜力所在。针对北京市农业用水的驱动因子，结合北京市当前农田水利基础设施较为薄弱，运行维护经费尚有不足，农业用水管理不够到位，农业水价形成机制尚不健全、农业用水效率偏低等一系列问题，为促进农业节水的发展，未来北京市农业用水结构还需继续优化和完善，主要从基于节水、基于供给侧改革、基于水资源承载力以及基于科技创新成果转化、综合节水技术的角度，提出了今后调节农业用水结构可以采取的措施。

1. 基于节水的农业用水结构调整

（1）政策保障和资金支持

农业用水政策直接导致农业用水量及用水结构的变化，结合北京市农业用水结构驱动因子，研究不同政策对农业用水量及用水结构的影响，可为政策的演进与调整，产业结构的调整，节水技术的推广提供支撑与决策依据。

继续贯彻落实北京市《关于调结构转方式　发展高效节水农业的意见》，2017 年减少农用新水 4 000万 m³左右，灌溉水有效利用系数由 2013 年的 0.69 提高到目前的 0.732。持续深入推进农业"调转节"。在"两田"基础上，完成基本农田划定研究制定管理办法，对农业生产空间实行严格管理和保护。减少小散农田，发展多种形式适度规模经营，做优、做精城市"菜篮子"。有序疏解畜禽养殖规模，突出抓好水源保护区和河道周边畜禽散养退出。

结合已有"中央财政小型农田水利项目县""新增 500 亿 kg 粮食田间工程项目"等工程项目，加大高效节水灌溉工程建设比重；在开展土地垦造、高标准农田建设、农业综合开发等综合性项目建设时，宜采用管灌等高效节水灌溉方式替代明渠输水灌溉。

应根据年度计划任务和当地实际需要，安排必要的财政资金，并统筹整合水利建设与发展专项资金、现代农业发展专项资金、农林渔业经营与管理体系建设专项资金、农业综合开发等资金，按照"粮经有别、分类补助、统筹整合、定向支持"的原则，不断加大投入力度，支持高效节水灌溉工程发展。新建的高效节水灌溉工程必须灌溉水源、干支管、田间出水口及闸阀设施齐全，灌溉保证率、管道系统及灌溉水利用系数达到标准。并以喷灌、微灌、管灌等3种具体高效节水灌溉工程为类型开展坐标数据采集和进度报送。

同时，北京市还将推广农艺节水、设施节水，把工程节水、农艺节水、技术节水和农业水价综合改革、用水定额管理结合起来，总结农业水价综合改革试点经验，集中力量建成一批农业高效节水工程。用3年时间，在"两田一园"实现高效节水工程全覆盖。

建立节水奖励机制。逐步建立易于操作、用户普遍接受的农业用水节水奖励机制。根据节水量对采取节水措施、调整种植结构节水的规模经营主体、农民用水合作组织和农户给予奖励，提高用户主动节水的意识和积极性。建立农业用水精准补贴机制。在完善水价形成机制的基础上，建立与节水成效、调价幅度、财力状况相匹配的农业用水精准补贴机制。补贴标准根据定额内用水成本与运行维护成本的差额确定，重点补贴种粮农民定额内用水。

（2）节水技术的发展与推广

未来以农业为主的用水结构将长期存在，灌溉是用水大户的基本现状不会根本改变。在水土资源约束日益加剧的条件下，保障国家水安全以及粮食安全的用水需求，最迫切、最有效的办法是节水，通过大规模实施农业节水工程，推动农田水利从提高供水能力向更加重视提高节水能力转变。

发展节水灌溉技术就是采用科技措施、手段进行田间用水改造，是促进传统农业向现代农业转变的重大农业技术革命。北京市的节水灌溉采取的主要形式包括微灌、喷灌、低压管灌、渠道防渗、痕量灌溉技术和采用其他工程措施。这些措施可以节水20%~80%，采用地下滴灌技术节水效率更高。加快灌排骨干工程续建配套与节水改造步伐，大力普及喷灌、滴灌、管道输水灌溉等先进节水技术，实现适时、适量、精准、科学灌溉。为了解决滴灌中的堵塞和超过植物需要的无限制灌水问题，北京市农技站开展了痕量灌溉技术的试验示范工作。痕量灌溉技术跳出了滴灌靠狭窄的三维流道结构降低堵塞概率的技术路径，用二维平面的开放性结构解决堵塞难题，特性相反的 2 层膜分别承担对水的控制和过滤功能，使所有堵塞物都不会进入三维孔道内，根毛也不会侵入到灌水器内部，解决了长期困扰滴灌的低流量下灌水器堵塞的世界难题，出水量（1～500mL/小时）可与植物的水分需求相匹配，真正实现了稳定的地下灌溉。痕量灌溉的技术优势除了有抗堵性强的特点外，还有比滴灌节水 40%～60%、节肥 30%防止土壤次生盐碱化的优点。

采用节水抗旱作物新品种、蓄水保墒技术、调亏灌溉、生化保水技术、农田覆盖技术、水肥一体化技术，如滴灌、喷灌、膜灌等以及渠灌、管灌等技术，提高灌溉水有效利用系数。同时，优化灌溉制度，包括灌水时间、灌水定额、灌溉次数和灌溉总量，实行计划用水，合理调整种植业用水。

尽快完善灌排体系，鼓励节水灌溉，加大中低产田改造力度，提高有效灌溉面积，大力推广和应用水肥一体化技术，同时，大力推进小农水建设项目和节水农业体系，扩大旱涝保收高产稳产田建设规模，提高农田灌溉水有效利用系数。将农田灌溉水有效利用系数作为农田水资源管理考核评价体系，进一步修改和完善农业用水定额标准，建立小型农田水利工程经常性管护资金财政补助机制，发挥农民参与灌溉水管理的积极性，同时，增加科技与资金的投入对节水抗旱作物和节水技术的研究开发和推广，合理控制农业用水总量及各行业消费比例。

（3）作物种植比例的调整

合理的种植结构可保证各类作物的生长用水和优质高产，同时，保证区域的灌水秩序稳定。作物的水分利用率随品种的不同差异较大，如小麦等作物水分利用率比玉米等植物要低。据资料统计，北京市主要农作物灌溉用水中冬小麦用水量为 $200～220m^3$/亩，是夏玉米亩用水量的 2 倍，也高于果树的亩用水量（170～180m^3/亩），因此，要适当调减耗水量大的小麦种植面积。稳步推进种植业结构调整。鼓励种植耗水少、附加值高的农作物，扩大抗旱、节水、专用、高效作物品种的研发与应用。适当压缩区域粮食种植面积，限制和淘汰目前部分地区存在的小麦玉米套种的高耗水作物，积极推广科技含量高、耗水低、能够充分发挥地区光热优势的作物新品种，优先发展低耗水的具有地方特色的作物。促进发展雨养农业。结合地块自身水利设施、地块平整度、土壤形状、作物种类等情况，完善水利设施，加强节水灌溉覆盖度，并与"互联网+"、物联网技术相结合，研发农业智能灌溉水利系统，达到在作物需水的时刻能够自动灌溉合理用水量，推广高效节水技术，建设现代高效节水农田。

（4）灌溉条件与设施的完善

建立、完善和优化农田灌溉条件，极力宣传和推广水肥一体化灌溉技术。节水设施要结合气候条件、水资源条件和种植结构因地制宜进行铺设，加大节水设施应用，扩大高效节水灌溉面积。开展农村水利建设和改革。一般节水设施在铺设时耗费较大，需要极力破解农田水利建管难题，对水利设施实行差异化补助政策、奖励政策以及"以奖代补、先建后补"、"先建机制、后建工程"政策，实现建管一体化。创新运行管护，破解建管脱节难题，节水工程设施要由"重建"向"建管并重"转变。通过建立涉农乡镇水利服务机构、农民用水合作组织、村级水管员、水利志愿者等途径，全面落实高效节水灌溉工程管护主体、管护责任，做到水利设施有效专业管护，针对高效节水灌溉工程管理要求高、维护成本大的特点，积极培育和发展专业化服务队伍，确保工程建得成、用得好、长受益，保证了农田水利发展质量与效益。

（5）阶梯水价制度的实行

目前，农业用水不能有效反映水资源稀缺程度和生态环境成本，价格杠杆对促进节水的作用未得到有效发挥，不仅造成农业用水方式粗放，而且难以保障农田水利工程良性运行。将农业水价综合改革作为农田水利改革的"牛鼻子"，利用水价间接调整农业用水结构。

实行分级水价管理：大中型灌区骨干工程农业水价原则上实行政府定价，具备条件的可由供需双方在平等自愿的基础上，按照有利于促进节水、保障工程良性运行和农业生产发展的原则协商定价；大中型灌区末级渠系和小型灌区农业水价，可实行政府定价，也可实行协商定价。综合考虑供水成本、水资源稀缺程度以及用户承受能力等，合理制定供水工程各环节水价并适时调整。供水价格原则上应达到或逐步提高到运行维护成本水平；确有困难的地区要尽量提高并采取综合措施保障工程良性运行。水资源紧缺、用户承受能力强的地区，农业水价可提高到完全成本水平。

探索实行分类水价：区别粮食作物、经济作物、养殖业等用水类型，在终端用水环节探索实行分类水价。统筹考虑用水量、生产效益、区域农业发展政策等，合理确定各类用水价格，用水量大或附加值高的经济作物和养殖业用水价格可高于其他用水类型。地下水超采区要采取有效措施，使地下水用水成本高于当地地表水，促进地下水采补平衡和生态改善。合理制定地下水水资源费（税）征收标准，严格控制地下水超采。

逐步推行分档水价：实行农业用水定额管理，逐步实行超定额累进加价制度，合理确定阶梯和加价幅度，促进农业节水。因地制宜探索实行两部制水价和季节水价制度，用水量年际变化较大的地区，可实行基本水价和计量水价相结合的两部制水价；用水量受季节影响较大的地区，可实行丰枯季节水价。

完善供水计量设施：加快供水计量体系建设，新建、改扩建工程要同步建设计量设施；严重缺水地区和地下水超采地区要限期配套完善。大中型灌区骨干工程全部实现斗口及以下计量供水；小型灌区和末级渠系根据管理需要细化计量单元；使用地下水灌溉的要计量到井，有条件的地方要计量到户。完善节水管理制度体系。加快完善大中小微并举的农田水利工程体系。强化供水计划管理和调度，提高管理单位运行效率，强化监督检查，加强成本控制，保障合理的灌溉用水需求，有效降低供水成本。加强水费征收与使用管理。推行灌溉用水总量控制和定额管理，加强农业用水计量设施建设和信息化手段应用，强化用水效率约束和监督考核。

借鉴一些国家在水资源管理上的现有管理政策与有效经验，进行尝试。将水资源作为国家战略资源进行管理，对水的建设、利用、分配及立法于一体。尝试将农业用水管理职能移交给私营机构、非政府组织或用水户组织，将农业用水的运行与维护责任交给用水户，由用水户承担用水的水费和维护成本，提高用水户的节水意识。合理制定农业用水水价政策，建立完善的农业用水计量和梯度管理制度，探索科学的农业用水节约综合评判指标体系，进而建立并完善农业用水奖罚制度。从节水用水管理、节水工程管理、节水经营管理、节水组织管理等方面制定可行的政策，促进节水农业的发展，使农业用水结构趋于合理。

2. 基于供给侧改革的农业用水结构调整

今后农业发展将由过度依赖资源消耗、主要满足"量"的需求，向追求绿色生态可持续、更加注重"质"的需求转变。通过推动农业节水，还可实现节地、节能、减排、增产、增效、增收等一系列综合效益，有效改善农作物品质，降低农业生产成本，提高农产品竞争力。围绕保障国家粮食安全和水安全，落实节水优先方针，加强供给侧结构性改革和农业用水需求管理。

紧紧围绕推进农业供给侧结构性改革这条主线，完善支持农业节水政策体系。把农业节水作为方向性、战略性大事来抓，着力完善体制机制，激发内生动力，推动农田水利建设从提高供水能力向更加重视提高节水能力转变，从注重工程建设向更加重视制度建设转变。严格用水管理，开展水权交易试点，从源头上抑制不合理用水需求。加大大中型灌排骨干工程节水改造与建设力度，指导地方同步完善计量设施、田间节水设施，建设现代化灌区。大力普及喷灌、滴灌等节水灌溉技术，加大水肥一体化等农艺节水推广力度。全面推进农业水价综合改革，落实地方政府主体责任，加快建立合理水价形成机制、精准补贴和节水激励机制。创新农业节水投融资体制，鼓励和引导社会资本参与高效节水灌溉工程建设运行。

继续加强水利工程建设。加快推进重大水利工程建设，加强坡耕地水土流失综合治理、中型水库及其他重点水利工程建设，进一步完善水利基础设施体系，增强城乡防洪和供水保障能力。发展多种形式适度规模经营、改造中低产田、推进农业机械化和节水灌溉，在大规模推进高标准农田建设同时，结合节水技术，调减农业用水。

以区、县级行政区域用水总量控制指标为基础，按照灌溉用水定额，逐步把指标细化分解到农村集体经济组织、农民用水合作组织、农户等用水主体，实行总量控制。鼓励用户转让节水量，政府或其授权的水行政主管部门、灌区管理单位可予以回购；在满足区域内农业用水的前提下，推行节水量跨区域、跨行业转让。

加强农业用水需求管理。在稳定粮食产量和产能的基础上，因地制宜调整优化种植结构。适度调减存在地表水过度利用、地下水严重超采等问题的水资源短缺地区高耗水作物面积。选育推广需水少的耐旱节水作物，建立作物生育阶段与天然降水相匹配的农业种植结构与种植制度。大力推广管灌、滴灌等节水技术，集成发展水肥一体化、水肥药一体化技术，积极推广农机农艺相结合的深松整地、覆盖保墒等措施，提升天然降水利用效率。开展节水农业试验示范和技术培训，提高农民科学用水技术水平。

3. 基于水资源承载力的农业用水结构调整

水资源承载力广泛应用于研究某一地区尤其是缺水地区的工业、农业、城市乃至整个地区的经济发展所需要的水资源供需平衡和生态系统保护。水资源承载力研究是保证水资源可持续利用、寻求区域可持续发展的重要依据。

一是充分利用土壤水资源。土壤水资源是位于包气带上部土壤层中具有利用价值的结合水和毛细水。水中含有有机质、无机质、碳酸气和微生物等，可被作物根系吸收和微生物、动物利用。气象条件、降水分布特征、包气带岩性及厚度、微地形、土地利用方式与强度等影响土壤水资源的时空分布。采用人为措施可以调控土壤水资源的输入输出，增加有效补充，减少无效损失；合理布局作物，使其时空分布尽可能与土壤水时空规律一致，可显著提高土壤水的利用效率，是实现农业节水的重要措施。在现有土壤水资源基础上，研究基于土壤水资源利用的农业水资源承载力，综合考虑农业经济产值、粮食总产量、农业生态用水量和农业用水比例等目标，建立农业水资源承载力多目标决策模型，进而提出不同规划年、不同水文年及土壤水资源利用技术发展的农业水资源承载力方案，充分利用土壤水资源，保证农业水资源可持续发展。

二是综合考虑不同区域种植业、养殖业对水资源的压力，以及种植业、养殖业源污染对水资源可持续利用的影响，合理调整农业结构和农业用水结构。通过构建过剩氮和灰水指标，量化农业污染对水资源的影响；构建水盈余指标，分析播种面积和牲畜饲养量变化对水盈余的影响；基于水足迹理论和方法，计算和分析北京市农业耗水水足迹；结合相关社会与经济输入、输出指标，土壤水资源以及相关成熟的水资源承载力模型和评价指标体系，进而推断水资源可承载的最大播种面积和最大载畜量，考虑环境协调情况下水资源继续支撑农业生产的潜力，进而调整农业布局和种养殖结构，从而调整农业用水结构。

有研究显示，在主产省，农作物播种面积每增长1%，水盈余量将下降148.55亿 m^3，牲畜饲养量每增长1%，水盈余量下降78.42亿 m^3。北京市可以依据当前的水资源条件与农业生产现状，测算当地水资源可承载的最大播种面积或最大载畜量，根据当地发展需求和比较优势，合理选择种植业和畜牧业的配比。

4. 基于科技创新技术推广成果转化的农业用水结构调整

加强科技创新。发展高效节水农业，要充分发挥科技对现代农业的引领、支撑、保障和带动作用。加强农业节水基础研究、技术和装备研发，进一步开展国际合作，大力引进先进节水适用技术。通过设立专门的农业国际合作专项，开展长期合作和交流，推动世界节水先进技术在国内推广应用。围绕发展高效节水农业，明确各项技术需求，并尽快立项实施，在设施园艺业、节水、雨水收集和利用、再生水利用等方面突破一些重大关键技术、共性技术难题，实施高效节水、生态景观农业、智慧农业和京津冀农业协同创新等农科服务工程。结合可持续发展和市场需求，加强政府资金研发投入，制定发展规划和目标，激发科技人员与资源优势，提高科技研发新动能，完善节水技术支撑体系，增强农业活力和竞争力，促进节水新技术、新产品、新设备的集成与创新。

完善推广体系。要突出解决许多农业科技成果成熟度低、难以形成有效生产力的问题，通过完善农业科技项目的立项和实施机制，提高科技成果的熟化程度，缩短从实验室到田间的时间。以家庭农场、农民合作社发展为契机，进一步建设和完善节水农技推广体系，加强农科院、农学院、农职院和各级推广机构科研人员的节水技术研发与服务，实现全科农技员队伍和新型职业农民与专业服务的全覆盖，加强农民农技知识培训。鼓励有实力的家庭农场和农民合作社承担节水推广项目，开展节水试验、示范与推广。突破单一技术的示范推广模式，加大节水技术、抗旱品种、节水设备、设施、材料和管理措施的整合和集成，创新并形成相对稳定的高效农业、节水农业或生态农业模式，诸如雨养旱作模式、林下经济模式、猪-沼-菜生态农业模式等，在原有基础上建设一批展示各种农业模式的综合示范园区和基地，促进节水农业科技成果转化，使真正的好技术好设施用到农村真正需要的地方，并大面积应用和示范，进而推动北京市现代农业产业技术体系建设，围绕高效节水农业，加快科技创新成果转化。

5. 基于综合节水技术的农业用水结构调整

在种植业中，加强高效节水技术集成与创新，注重水利、农艺、农机和管理综合节水技术的集成，提高作物水分生产率，从作物生产内部挖掘潜力。加强农田基础建设，发展节水农业，减少无效灌水，提高旱涝保收面积比例，提高作物单位耗水量的产出，即作物水分生产率，从作物生产内部挖掘潜力，将成为解决增产所需要的额外水量的主要途径。

进一步发展集"设施节水、农艺节水、机制节水、科技节水"于一体的综合农业节水技术体系，重视雨水资源的利用。未来农业节水技术的实施，不是单项的，而是节水灌溉措施和农艺措施有机融合，包括水肥耦合技术，耕作栽培技术、育种技术、覆盖保墒及节水灌溉配套技术、化控技术节水、灌溉技术、集雨补灌等，形成综合节水技术体系，其实质是以水为中心的田间水土气系统关系，保持降水、地表水、地下水、土壤水和作物水之间的适应农业生产用水要求的相互转化的平衡，取得良好的土壤水、肥、气、热、盐状况，提高从灌溉水源到形成作物产量各个转化环节的水分利用效率。同时，将分散、小面积应用示范发展为大面积规模化、区域化推广。多种措施形成合力，形成有效的节水农业综合技术体系，共同推进节水农业健康发展。在水资源紧张地区，解决农业用水主要途径之一就是可以通过雨水集流技术发展集雨补灌农业。研发雨水收集利用模式，如庭院集雨的人畜饮用利用模式、庭院集雨的多种经营利用模式、人工集雨的农田补灌利用模式、山坡地集雨的林草建设利用模式以及水流域集雨综合利用模式等，重视雨水的合理利用。

综上，今后农业用水调整的最终目标是通过采取各种措施，建立基于水资源、经济、人口、环境、社会、技术和农业发展、供给侧结构改革相协调多目标的北京市农业结构调整方针，进而合理布局农业用水结构，促进北京都市型农业的可持续发展。

（三）基于节水技术研发角度的对策

北京市的水资源约束将长期趋紧，水资源成为北京市农业发展的最大瓶颈，因此，发展节水农业也将是北京农业的长期任务。除加强节水农业科技研发外，还需要从合作、集成、服务及政策等方面做好保障工作。

1. 加强节水关键技术及产品研发

针对当前北京市农业生产急需的节水灌溉技术及产品，重点开展节水、抗旱、高产新品种，以及专用肥、农药、微量元素和种子联合科技攻关。综合"互联网+"技术体系，融合模型、公式、数据，攻克地膜覆盖下喷滴灌降湿防病技术、防堵塞水肥一体化技术、水肥精准控制与决策等技术瓶颈，推进节水灌溉自动化、智能化管理。研发适合不同农业产业类型和规模的农业智能水管理系统，结合不同地区、不同品种需求研制省力、便携、省钱、实用、低门槛、"傻瓜化"的节水新设备。此外，加强灌溉试验、水资源综合开发利用、资源配置等方面的基础研究，为水资源的可持续利用，高效节水灌溉的健康发展提供基础支撑和保障。

2. 加大节水联合创新与转化力度

节水是一项涉及多部门多学科的系统工程，单一节水技术不能发挥应有的节水效果。需要加大部门联合、学科交叉的科研合作，加大节水技术的联合创新力度，落实向科技要水，推进科技创新的应用与转化。

加强横向联合创新：一方面，与节水相关的部门既有科研部门，也有农业管理部门，农业生产部门。既要加强科研部门之间的联合，也要加强科研与生产、管理部门的联合，从育种、栽培、水利、农机、材料等领域，加强联合，协同创新，在科研立项上可以引导多部门多学科合作，联合创新，实现节水关键技术的突破。另一方面，还要加强节水农业技术与设备研发的国际合作，重点是与国外的节水研究机构和知名的节水灌溉企业联合，引导其针对北京市的农情研发适用的节水技术与设备。

加强纵向联合转化：技术创新只有经过转化才能真正起到节水的作用。加强政产学研联合，建立科技成果转化通道和转化机制。企业通过政产学研合作，借力高校院所的研发优势，不断提升产品的技术含量和质量；科研单位通过政产学研合作，借力企业的产业化优势，快速推进成果的转化与应用；学校通过政产学研合作不断培养兼具理论知识与实践经验的人才。

3. 加强节水技术集成与示范应用

从实践来看，一方面，传统上采取单一手段节水的效果在降低；另一方面，单一技术的节水效果受多方面因素制约而难以发挥有效作用。建议以灌溉节水为重点，集成 2 种或多种单项节水技术，以高效节水示范基地建设为抓手，加强农业节水技术集成与示范应用。此外，农艺节水是我国传统农业的宝贵经验，在现代农业中依然有应用价值。在加大技术产品对节水农业的推进作用之外，还要注重农艺节水技术的推广。调整农业结构和作物结构，使之与节水要求相适应；调整作物布局，使之与水资源布局与降水布局相适应；改善耕作制度（调整熟制、发展间套作等），以充分利用降水；改进耕作技术（整地、覆盖等），以抑制蒸散增墒保墒；选择耐旱品种及相关配套的节水栽培措施等。

灌溉节水与农艺节水集成示范：将滴灌、喷灌与覆膜、生草覆盖、间作套种、少免耕、中耕调墒等技术集成，以发挥节水系统的综合效应。

灌溉节水与非常规水源利用集成示范：将集雨工程技术、污水处理与利用技术，与微灌技术相结合，研究非常规水源与灌溉节水的技术接口问题，解决技术脱节问题。

灌溉节水与自动控制技术集成示范：将灌溉自动控制技术、土壤墒情自动监测技术、地下水位自动监测技术、水肥一体化技术、气象自动监测技术等进行集成，研究智能灌溉的适用性。

高效节水综合示范基地建设：综合集成农业生产全过程多种节水技术，包括水资源开发、输配水系统节水、田间灌溉节水、农艺节水、用水管理节水等若干单项技术，分别建立大田作物、蔬菜、果树高效节水示范基地，畜禽养殖、水产养殖高效节水示范场，研究示范技术集成的综合节水效果。

4. 加强节水自动化设备的研发与推广

通过技术驱动和项目示范引领产业发展方向，探索技术与市场之间的联系，针对市场急需的设备开展技术攻关，并实行成果奖励制度，对于成功研制节水灌溉自动化设备的研究机构给予精神上和物质上的奖励。对于设备的推广，国家也应进行相应的投入，扩大对节水灌溉自动化技术和设备的宣传力度，使更多的农民接受并使用节水灌溉自动化设备。在研制的过程中，加强节水灌溉自动化技术与智能化技术、传感技术相融合，生产出更加智能化、功能多样化、性能稳定的灌溉控制器，并注重对设备成本的控制，尽可能用最低廉的价格制造出功能最强、质量最佳的设备，迎合农业市场需求，适应农业发展要求。

5. 注重对环境用水的节水研究

北京市的环境用水已超越农业用水而上升为用水第二大户，在注重农业节水研究的同时，更应该加强对环境用水的节水研究。重点是非常规水源，如再生水、雨洪水和微咸水等在环境用水中的利用。园林绿化节水研究方面，重点是节水型（耐旱，具有生态功能、环境适应能力强）园林绿化植被的筛选，园林绿化节水灌溉配套设施研发，非常规水源（雨水、再生水）在园林绿化上的利用技术，集雨型绿地林地建植技术等；生态节水研究方面，重点是耐旱的绿化草种、灌木和乔木，非常规水源的利用技术等。

二、北京市发展节水农业的相关建议

1. 开源与节流并举

节约用水的真正涵义是节约用新水量，尤其是地下水用量。因此，需要在非常规水资源的开发利用上下功夫。北京市可以利用的非常规水源有雨洪水和再生水，应加强研究和逐步推行。重点是非常规水源，如再生水、雨洪水和微咸水等在环境用水中的利用。另外，还要相应地开展农业污染治理，尤其是农药、化肥和畜禽粪便对水体的污染，实现防污节水。

2. 加强农艺节水推广

农艺节水是我国传统农业的宝贵经验，在现代农业中依然有应用价值。在加大技术产品对节水农业的推进作用之外，还要注重农艺节水技术的推广。调整农业结构和作物结构，使之与节水要求相适应；调整作物布局，使之与水资源布局与降水布局相适应；改善耕作制度（调整熟制、发展间套作等），以充分利用降水；改进耕作技术（整地、覆盖等），以抑制蒸散增墒保墒；选择耐旱品种及相关配套的节水栽培措施等。园林绿化节水研究方面，重点是节水型（耐旱，具有生态功能、环境适应能力强）园林绿化植被的筛选，园林绿化节水灌溉配套设施研发，非常规水源（雨水、再生水）在园林绿化上的利用技术，集雨型绿地林地建植技术、乔灌草立体种植技术等；生态节水研究方面，重点是耐旱的绿化草种、灌木和乔木，非常规水源的利用技术、生草覆盖技术等。

3. 持续加大节水科技研发力度

人多水少是北京市情，节水是北京市的一项长期任务，对于节水农业的研究也将是一个长期课题。建议将"节水农业"作为一个长期专项，做出详细的研究计划，分阶段、分步骤开展研究。课题名称要具体，范围不宜过大，以免以偏概全，影响其他课题的申报。同时，要注意有些技术因时代变迁或生产条件的改变而不再适用，需要重新立项研究，不能简单地以课题名称类似而拒绝立项，要根据研究目的与必要性来决定。

4. 建立和完善农业节水多元服务机制

要实现农业节水，既要发挥既有的农民用水协会的作用，也要推进水利社会化服务组织建设，并探索农业节水 PPP 模式，逐步建立起覆盖农村农业节水的服务机制。

发挥用水协会的作用：农村水利工程由农民用水协会管理，是北京市水务管理体制改革的一个重要方面。截至目前，北京市通过政府引导、农民参与，建立了 125 个农民用水协会和 3 927 个分会，组建了 10 800 名农村管水员队伍，基本解决了村级末端涉水事务管理缺位的问题。然而如何发挥农民用水协会和管水员队伍的积极作用是今后的重点。农民用水协会要切实肩负起村级水利工程管护职能、收费职能、水务技术推广职能，公开水费收取账目和水费使用账目，建立农民参与用水管理机制。

推进水利社会化服务组织建设：我国在《国家农业节水纲要（2012—2020年）》中提出了要"完善农业节水社会化服务体系"，但时至今日，北京市的农业节水社会化服务体系建设仍不尽如人意。要大力推进农业用水社会化服务组织建设，为节水农业发展提供全方位服务。包括节水物资供应服务、节水设备安装服务、灌溉托管服务、节水技术指导、节水设备维修和零配件供应服务等。农业用水服务组织实行有偿服务，自我积累滚动发展。政府可以通过项目形式给予资助或补贴，也可以给予贷款或税收方面的优惠政策。通过社会化服务体系可以大大降低节水技术引入的交易成本，进一步提高农户采用节水农业技术的积极性，把节水技术成果通过最有效的途径快速转化为现实生产力。

探索农业节水 PPP 模式：水利设施重建轻管难以发挥应用的作用。探索采用 PPP（Public-Private-Partnership，政府与社会资本合作）模式，引入社会资本实施农业节水"建管服一体化"。专业的灌溉服务公司负责水利设施的维护，为农户提供节水灌溉服务。其收入来源，除了向农民收取灌溉服务费外，还有政府给予的节水奖励。根据北京市的水资源情况，确定不同作物单位面积（耕地面积或播种面积）的水权用量，专业灌溉服务公司每节约一方水，政府给予一定数额的奖励。实施 PPP 模式运作，有利于调动社会资本投资农业节水的积极性，实现社会化、专业化管护，也有利于发挥水利基础设施的长效作用。

5. 加大农业节水的社会宣传力度

北京市的水资源形势堪比著名的贫水国以色列，近 15 年的人均水资源更是低于以色列，但民众知道以色列缺水，却不知道北京市也同样严重缺水。究其原因是节水宣传不足。一方面，要借国际水日和中国水周加大对节水的社会宣传，建议建立北京的"水周"，对社会民众开展节水宣传，将农业节水作为重点在农村开展节水宣传；另一方面，要加大对农业农村用水户的节水宣传。从农业用水许可、计划用水、科学灌溉、计量设施管理等方面进行节约用水知识宣传，引导用户进行科学灌溉和合理用水；设立举报奖励制度，引导社会公众参与管理，对擅自更改机井用途、破坏用水计量设施等违法行为进行举报。水价改革与水费征收要考虑农民的承受能力，可采取"低价起步，分段实施"的办法。同时，要加强政策宣传和科普教育，提高用水户的理解和接受能力。

水价改革与水费征收要考虑农民的承受能力，可采取"低价起步，分段实施"的办法。同时，要加强政策宣传和科普教育，提高用水户的理解和接受能力。

6. 完善农业节水政策保障措施

尽快出台北京市农业水价政策。充分发挥价格杠杆在农业节水中的调节作用，从经济上调动农民节水的积极性，促进先进节水技术的推广和使用，有效减少农业生产用水量，借鉴国外农业用水的阶梯水价政策，研究制订适合北京市农业实际的水价政策。水价政策要在用水计量的基础上，与用水总量、用水定额制度，节水奖励制度和水权交易制度相结合。

建立节水灌溉倒逼机制：落实最严格的水资源管理制度，实行灌溉用水总量控制和定额管理以及与之相适应的农业水价合理形成机制，以此形成有利于节水灌溉发展的绩效考核和经济调节倒逼机制。

建立用水总量与定额管理相结合制度：根据农户所在的区域、种植的作物种类、种植制度和相应的灌溉制度，确定用水总量和用水定额。既要控制单季单位面积的灌溉用水量，也要控制全年的用水量。在用水定额和总量内，实行低水价，超出则实行高水价。

建立水权交易制度：按照总量控制的原则，根据各区县的农业种植规模，将全市的农业用水量分配到各个区县，赋予其相应的水权，一般情况下不再变更。各区县通过节水技术节省下来的水权，可以进行交易，既可以在农业领域进行交易，也可以与城市用水进行交易。交易的方式可以灵活多样，由双方协商，既可以直接支付，也可以是资助农业领域进行节水工程建设或节水技术推广等方式。探索建立水权政府回购机制。

建立节水灌溉激励机制：一方面，农户使用节水技术在用水总量内节约了用水，一定要有奖励，用以鼓励农户节约用水的积极性；另一方面，在重要节水自动化设备推广方面，政府部门应将部分市场化成熟度较高、应用范围较大、农户反映效果较好的节水自动化设备纳入当年农机补贴目录，按照一定比例给予补贴。同时，积极探索民办公助、以奖代补、先建后补等实现途径，鼓励和引导农民、农民用水合作组织和新型农业经营者成为节水灌溉工程建设和管理的主体。通过完善价格、税收、金融等优惠政策，吸引社会资本投入节水灌溉。

建立节水灌溉长效运行机制：积极推进节水灌溉工程产权制度改革，明晰工程所有权和使用权，建立管护运行责任制。加强基层水利服务体系建设，加强灌溉试验和成果应用，科学指导节水灌溉。提高节水灌溉专业化、社会化服务能力和水平，使节水灌溉工程建得成、管得好、长受益。

附　件

附件1　国家、北京市与节水相关的重点实验室与工程技术研究中心

序号	名称	依托单位	主管部门
	北京市重点实验室		
1	流域水环境与生态技术北京市重点实验室	北京市水科学技术研究院	市科委
2	水体污染源控制技术北京市重点实验室	北京林业大学	市科委
3	工业废水处理与资源化北京市重点实验室	中国科学院生态环境研究中心	市科委
4	云降水物理研究和云水资源开发北京市重点实验室	北京市气象局	市科委
5	水中典型污染物控制与水质保障北京市重点实验室	北京交通大学	市科委
6	城市水循环与海绵城市技术北京市重点实验室	北京师范大学	市科委
7	现代农业装备优化设计北京市重点实验室	中国农业大学	市科委
8	农业智能装备技术	北京市农林科学院	市科委
	北京市工程技术研究中心		
9	北京市污水脱氮除磷处理与过程控制工程技术研究中心	北京工业大学	市科委
10	北京市村镇污水处理及资源化工程技术研究中心	总装备部工程设计研究总院	市科委
11	北京市非常规水资源开发利用与节水工程技术研究中心	北京市水科学技术研究院	市科委
12	北京市污水资源化工程技术研究中心	北京城市排水集团有限责任公司	市科委

序号	名称	依托单位	主管部门
13	北京市新型污水深度处理工程技术研究中心	北京大学	市科委
14	北京市污水资源化膜技术工程技术研究中心	北京碧水源科技股份有限公司	市科委
15	北京市低温多效热法海水淡化工程技术研究中心	中国电子工程设计院	市科委
16	北京市水处理环保材料工程技术研究中心	北京化工大学	市科委
17	北京市水土保持工程技术研究中心	北京林业大学	市科委
18	北京市小城镇污水处理与回用工程技术研究中心	北京桑德环境工程有限公司	市科委
19	北京市供水管网系统安全与节能工程技术研究中心	中国农业大学	市科委
20	北京市再生水水质安全保障工程技术研究中心	北控水务（中国）投资有限公司	市科委
21	北京市空间水气净化与再生工程技术研究中心	北京机械设备研究所	市科委
22	北京市供水水质工程技术研究中心	北京市自来水集团有限责任公司	市科委
	国家工程技术研究中心		
23	国家节水灌溉北京工程技术研究中心	中国水利水电科学研究院	科技部
24	国家节水灌溉新疆工程技术研究中心	新疆天业（集团）有限公司，新疆农垦科学院，石河子大学	科技部
25	国家节水灌溉杨凌工程技术研究中心	西北农林科技大学	科技部
26	国家农业机械工程技术研究中心	中国农业机械化科学研究院	科技部
27	国家农业信息化工程技术研究中心	北京市农林科学院	科技部
28	国家农业智能装备工程技术研究中心	北京市农林科学院	科技部
29	国家蔬菜工程技术研究中心	北京市农林科学院	科技部
30	国家半干旱农业工程技术研究中心	河北省农林科学院	科技部
31	国家北方山区农业工程技术研究中心	河北农业大学	科技部
	国家重点实验室		
32	流域水循环模拟与调控国家重点实验室	中国水利水电科学研究院	科技部
33	水文水资源与水种工程科学国家重点实验室	河海大学，南京水利科学研究院	教育部

（续表）

序号	名称	依托单位	主管部门
34	黄土高原土壤侵蚀与旱地农业国家重点实验室	中国科学院水土保持研究所	中科院
	部级工程研究中心		
35	农业节水和水资源教育部工程研究中心	中国农业大学	教育部

附件 2 国内外节水技术与设备生产部分知名企业

在节水技术与设备生产方面，国内外都有一批知名的企业。

1. 国外节水技术与设备生产企业

耐特菲姆（Netafim）公司（以色列）：该公司是以色列最大的农业综合企业，是世界最大的滴灌系统产品的专业厂家，也是全球节水农业技术的领导者。该公司自1965年发明滴灌技术以来，使农业的灌溉方式发生了革命性的改变。50年来，耐特菲姆公司一直致力于先进灌溉技术和产品的研究开发，至今已经推出了10代产品，每一代产品的推出都把滴灌技术带入一个崭新的时代。耐特菲姆高性价比的滴灌产品，广泛应用于条播作物、果园及保护地灌溉，同时，也应用于园林灌溉以及矿石淋洗。目前该公司在全球拥有17家制造厂，35家分公司，其技术、产品、服务遍布世界110多个国家和地区。

以色列伯尔特（Bermad）公司：成立于1965年，致力于提供各种解决方案，打造高效的灌溉系统、优化的供水系统及整体消防系统。BERMAD公司已成为世界公认的水管理系统控制阀门最著名的供应商之一。在全球自动/液力控制阀门领域居于领先地位。其产品包括：流量控制阀，压力控制阀，水表和计量阀，电磁阀，空气阀等。

瑞沃勒斯（Rivulis）灌溉技术有限责任公司（以色列）：世界上最大的灌溉公司之一，主要致力于低流量灌溉产品的制造及灌溉系统的设计。

美滋（Metzerplas）农业联合有限公司（以色列）：主要从事灌溉施肥系统的设计、研发、生产、销售和安装，能为客户提供专业的解决方案和灌溉施肥系统交钥匙工程。

纳安丹灌溉系统公司（以色列）：是总部设在以色列的专业灌溉设备公司，集研发、生产、技术推广为一体，主要产品为喷灌产品，滴灌产品及灌溉系统，用于园林、温室、露地及果树灌溉。

CNYD-AutoAgronom公司（以色列）：生产节水灌溉控制系统，可全天候控制农作物对水、肥的合理需求，从而达到节水、节肥和环保的目的。

美国雨鸟（Rain Bird）公司：成立于1933年，是世界上颇具规模的著名灌溉公司之一，研制了世界上第一只摇臂喷头，拥有美国联邦专利 130 多项，生产四千多种应用于农业、园林、高尔夫球场、庭院灌溉的喷灌、微灌设备，产品销往 120 多个国家和地区。

美国托罗（TORO）公司：成立于 1914 年，是世界高尔夫球场、园林、运动场草坪维护及灌溉设备制造业的先锋。生产各种农业节水灌溉设备，包括各种规格的滴头、滴灌带、滴灌管、过滤器、摇臂喷头、地埋喷头、自动控制器、控制阀门到中央计算机控制系统。该公司生产的园林灌溉产品以性能卓越、技术先进著称。如集灌溉、造景一体的喷头；性能卓越地埋、自动升降喷头及中央计算机控制系统等。

美国维蒙特（Valley）工业公司灌溉集团：创立于 1954 年，是全球最大的灌溉设备供应商，其生产的电动圆形喷灌机、指针式喷灌机不论在技术、质量和市场占有率都居全球首位。

美国林赛（Lindsay）公司：是中心支轴技术的先驱，是全球最大的中心支轴式和平移式喷灌系统出口商和营销商之一。

此外，国外知名的灌溉公司还有：美国的 T-L 公司、尼尔森（Nelson）公司、倍爱斯（Pierce）公司、Valmont 公司、亨特（Hunter）公司、森宁格（Senninger）公司、瑞克（Reinke）公司，印度的 Jain 灌溉系统公司和 EPC 工业有限公司，奥地利的 Bauer 公司，以色列的 IAT 灌溉设备公司、UDI 公司，德国的 Perrot 公司。

2. 国内大型节水灌溉企业

甘肃大禹节水集团股份有限公司：公司创建于 1999 年，发展至今已成为集节水灌溉材料研发、制造、销售与节水灌溉工程设计、施工、服务为一体的专业化节水灌溉工程系统提供商，是国内规模大、品种全的节水灌溉行业龙头企业。国内第一家专业从事节水灌溉材料供应和工程施工的上市公司。主营生产滴灌管（带）、施肥器、过滤器和输配水管材等五大类 20 多个系列近 1 000 个品种的节水灌溉产品，产品远销美国、韩国、泰国、南非、澳大利亚、哈萨克斯坦、印度等 20 多个国家和地区。

新疆天业节水灌溉股份有限公司：主要从事农用塑料节水器材、塑料管材的开发、加工、生产、销售和节水灌溉施工安装。主要产品为：边缝式滴灌带、内镶式滴灌带、压力补偿式滴灌管、给排水管、农用硬 PVC 管、PE 软管、过滤器以及节水灌溉成套系统配套的各类管件等。是国内最大的节水器材生产和推广企业。"一次性可回收滴灌带""大流量压力补偿式滴灌管"等产品被评为国家重点新产品,其中,"大流量压力补偿式滴灌管"填补了国内空白。

北京东方润泽生态科技股份有限公司:公司成立于 1999 年,主要开发、销售传统农业节水灌溉设备,承包节水灌溉工程及代理进口节水灌溉产品。2016 年,公司业务向开发智能硬件产品,通过自主研发的云智能传感器对生态环境状况进行数字化处理、分析、传输,在土壤水分监测、气象环境监测、大数据应用及云智能传感网络设计开发等多方面取得实质性进展,并推出全新的土壤水分传感器、智能气象站及数据服务平台。

上海远恒信息技术有限公司:专注于输水、灌溉自动化控制系统,集设计、研发、生产和销售为一体的专业型高新技术企业。开发出微灌自动施肥机、灌溉系统能效监测系统、基于标准协议的灌溉产品和软件等。

安徽水利开发股份有限公司:公司在源水供应、水环境治理、水质开发等领域有着专有的开发与应用技术。

建德市农科开发服务有限公司:致力于新一代农业节水灌溉技术的研究与应用开发,生产和销售农业节水灌溉产品。主要生产销售"新年"牌滴灌带、滴灌管、微喷带、滴头、喷头、PE 管材、PVC 管材及其配套设施。

杨凌秦川节水灌溉设备工程有限公司:是国内生产节水灌溉设备品种最齐全、规模最大的厂家之一。生产七大系列节水灌溉设备:内镶式滴灌管、大棚喷头、大田喷灌设备、微喷带、园林景观喷头、节水灌溉首都工程系列和节水灌溉自动控制系统。

广东达华节水科技股份有限公司:创立于 2003 年,是中国水利企业协会灌排企业分会副理事长单位,是集节水灌溉材料的研发、制造、销售以及提供节水灌溉工程设计、施工等为一体的专业化高新技术企业。产品涵盖了喷灌、微喷、滴灌等全系列节水灌溉设备,是目前国内行业中产品种类最齐全、覆盖范围最广泛的综合性节水科技公司

甘肃瑞盛·亚美特高科技农业有限公司:甘肃亚盛实业(集团)股份有限公司与以色列亚美特滴灌综合设备有限公司共同投资兴办,是集滴灌管线生产、

滴灌系统整体设计、配套安装的节水灌溉企业。

内蒙古沐禾节水工程设备有限公司：主要研究和经营的领域有，水肥一体化及高效节水灌溉技术的研究、推广与实施；控制农田信息和灌溉系统的物联网技术研究、推广与实施；节水灌溉新产品、新技术和节水工程新模式的研发、推广与实施。

上海华维节水灌溉股份有限公司：致力于高效水肥一体化研究与推广，主营灌溉施肥产品，自主研制成套灌溉施肥设备，能提供水肥解决方案。

新疆中企宏邦节水（集团）股份有限公司：公司主要从事水资源节水增效产品开发、节水增效系统集成项目建设、节水增效系统升级服务、农业综合开发等。

中国灌溉排水发展中心润华农水实业开发公司：主要经营与水利相关的塑料原料业务。

山东润禾节水灌溉科技有限公司：位于山东省莱芜市经济开发区，是一家专业从事节水灌溉器材的生产厂家，具有丰富的生产、技术安装经验。目前我公司主要产品有：贴片滴灌带、节水灌溉用 PE/PVC 管材、PE/PVC 管件、PE 盘管、PVC 管、压力补偿式滴头、喷头、过滤器、沙石过滤器、施肥器、文丘里施肥器、出水口、微喷、滴灌、给水栓、节水设备配件、微滴灌、排气阀、微喷带、稳流器等一系列节水器材。应用于温室大棚、花卉苗木、园林盆景等众多领域。

参考文献

鲍超，方创琳.2006.内陆河流域用水结构与产业结构双向优化仿真模型及应用 [J].中国沙漠，26（6）：1033-1040.

本刊记者.2012.国外旱作农业概览 [J].农村工作通讯（17）：24-25.

卞戈亚，陈康宁，黄莉.2010.河北省水资源-产业系统协同度分析 [J].水利经济，28（5）：17-21.

薄琳.2015.农业节水灌溉技术 [J].现代农业（01）：65.

蔡绍洪，彭仕政.1998.耗散结构与非平衡相变原理及应用 [M].贵阳：贵州科技出版社.

蔡守秋.2003.国外水资源保护立法研究 [J].环境资源法论丛（00）：182-220.

陈庆秋.2000.加拿大的可持续水管理改革及其对我国构建"资源水利"体系的借鉴意义 [J].水利水电科技进展（03）：6-8+69.

陈双庆.2005.以色列高效利用水资源 [J].瞭望新闻周刊（41）：48-49.

陈卫平.2011.美国加州再生水利用经验剖析及对我国的启示 [J].环境工程学报，5（5）：961-966.

代山.2015.美日的节水立法 [J].人民论坛（10）：45.

代稳，张美竹，秦趣，王金凤.2013.基于生态足迹模型的水资源生态安全评价研究 [J].环境科学与技术（12）：228-233.

董银果，梁根，尚慧琴.2015.加入WTO以来中国农业产业安全分析 [J].西北农林科技大学学报（社会科学版）（02）：62-68.

杜中平.2012.以色列节水灌溉与水肥一体化考察报告 [J].青海农林科技（4）：17-20.

冯颖 . 2013. 农业节水技术补偿机制研究［D］. 西北农林科技大学 .

符芳云 . 2008. 湖南省吉首市水资源生态安全研究［D］. 湖南农业大学，1-4.

高占义 . 2000. 国外发展节水灌溉经验简介［J］. 中国农业科技导报（05）：24-29.

高志强，刘纪远 . 2000. 基于遥感和 GIS 的中国植被指数变化的驱动因子分析及模型研究［J］. 气候与环境研究，5（2）：155-164.

国家发展和改革委员会价格司编 . 2015. 全国农产品成本收益资料汇编 2015［M］. 北京：中国统计出版社，07.

国务院办公厅 . 2016. 关于推进农业水价综合改革的意见［Z］. 6，12.

胡思前 . 2016. 澳大利亚雨水回收与利用及对我国水生态修复与保护的借鉴意义［J］. 绿色科技（2）：1-3.

黄昌硕，耿雷华，王立群，等 . 2010. 中国水资源及水生态安全评价［J］. 人民黄河（03）：14-16+140.

黄晶，宋振伟，陈阜，等 . 2009. 北京市近 20 年农业用水变化趋势及其影响因素［J］. 中国农业大学学报，14（5）：103-108.

黄晶，宋振伟，陈阜 . 2010. 北京市水足迹及农业用水结构变化特征［J］. 生态学报，23：6546-6554.

黄晶 . 2013. 基于水足迹的北京市农业水资源可持续利用研究［D］. 中国农业大学 .

江阿源 . 2011. 各国水资源立法保护之比较研究［J］. 法制与社会（18）：25-30+41.

蒋卫国，李京，李加洪，等 . 2005. 辽河三角洲湿地生态系统健康评价［J］. 生态学报（03）：408-414.

金赛美，曹秋菊 . 2011. 开放经济下我国农业安全度测算与对策研究［J］. 农业现代化研究（03）：320-323.

李晓惠，张玲玲，王宗志 . 2013. 区域用水需求驱动因子诊断研究［J］. 水资源与水工程学报，24（4）：45-48.

李亚灵 . 2011. 番茄生产水分利用效率研究进展［J］. 北方园艺（09）：2

05-207.

李豫川 . 1999. 以色列的水政策 [J]. 国际论坛 (03)：70-76.

刘宝勤，姚治军，高迎春 . 2003. 北京市用水结构变化趋势及驱动力分析 [J]. 资源科学，25 (2)：38-43.

刘昌明，孙睿 . 1999. 水循环的生态学方面：土壤-植被-大气系统水分能量平衡研究进展 [J]. 水科学进展，10 (3)：251-259.

刘燕，胡安焱，邓亚芝 . 2006. 基于信息熵的用水系统结构演化研究 [J]. 西北农林科技大学学报，34 (6)：141-143.

刘渝，张俊飚 . 2010. 中国水资源生态安全与粮食安全状态评价 [J]. 资源科学 (12)：2292-2297.

吕翠美，吴泽宁，胡彩虹 . 2008. 用水结构变化主要驱动力因子灰色关联度分析 [J]. 节水灌溉 (2)：39-41，45.

马华黎 . 2009. 石羊河流域用水结构的数据驱动模拟及缺水风险分析 [J]. 西北农林科技大学 .

马俊义，王瑛 . 2010. 以色列农业发展经验对中国农业节水技术启示 [J]. 世界农业 (06)：31-34.

孟凡德，王晓燕 . 2004. 北京市水资源承载力的变化趋势及驱动力研究 [J]. 中国水利，9：22-25.

孟小宇 . 2010. 渭河关中地区用水结构优化 [J]. 西安：西安理工大学 .

南纪琴，王玉宝，尚虎君，等 . 2010. 黑河中游区域农业用水现状调查与发展对策 [J]. 中国农村水利水电 (07)：37-40.

南颖，吉喆，冯恒栋，等 . 2013. 基于遥感和地理信息系统的图们江地区生态安全评价 [J]. 生态学报 (15)：4790-4798.

宁学敏 . 2009. 基于 DEA 原理的中国农业产业安全度的评估与分析 [J]. 生产力研究 (24)：49-50+91.

农业部 . 2017. 关于深入推进农业供给侧结构性改革的实施意见 [Z]. 02-06.

潘雄锋，刘凤朝，郭蓉蓉 . 2008. 我国用水结构的分析与预测 [J]. 干旱区资源与环境，22 (10)：11-14.

沈滢，毛春梅 . 2015. 国外跨流域调水工程的运营管理对我国的启示 [J].

南水北调与水利科技，13（2）：391-394.

宋振伟，张卫建，陈阜.2010.北京市农业水资源供需状况及优化利用研究 [J].节水灌溉（03）：30-34.

粟晓玲，赵晨，马黎华.2008.关中地区近20年用水结构演变及其驱动力研究 [J].灌溉排水学报，27（5）：71-73.

孙才志，王妍.2009.基于因素分解模型的辽宁省用水变化驱动力测度及时空分异 [J].干旱区地理，32（006）：850-858.

陶永霞，曹明伟.2007.国内外农业节水发展现状对比 [J].水利科技与经济，13（9）：663-664.

王参民.2017.以色列水政策的演进 [J].安庆师范大学学报（社会科学版），36（03）：66-73.

王海锋.2015.关于建立城市雨水利用激励政策的思考 [J].水利发展研究，15（03）：14-16.

王红瑞，王岩，吴峙山，等.1994.北京市用水结构现状分析与对策研究 [J].环境科学，16（2）：31-34，72.

王良健，刘伟.1999.梧州市土地利用变化的驱动力研究 [J].经济地理，19（4）：74-79.

王树旺.2014.区域用水结构演变规律及驱动力分析 [J].合肥工业大学.

王西琴，王佳敏，张远.2014.基于粮食安全的河南省农业用水分析及其保障对策 [J].中国人口.资源与环境（S1）：114-118.

王学睿.2013.日本对水资源的精细化管理及利用 [J].全球科技经济瞭望，28（11）：19-25.

王雁林，王文科，段磊，等.2004.黄河流域陕西段的用水结构分析及趋势探讨 [J].水利发展研究，8：18-21.

王耀琳.2003.以色列的水资源及其利用 [J].中国沙漠，23（4）：464-470.

王玉宝，吴普特，赵西宁，等.2010.我国农业用水结构演变态势分析 [J].中国生态农业学报，02：399-404.

魏东岚，高杰，关伟.2005.大连城市用水变化及其驱动因子分析 [J].辽宁师范大学学报（自然科学版），28（4）：480-483.

魏巍 . 2016. 北京市建设节水型农业成效与路径研究［J］. 经济研究导刊
（06）：19-20+23.

魏振峰，袁群 . 2010. 河南省赴澳大利亚节水灌溉和地下水考察团考察侧记
［J］. 河南水利与南水北调（02）：34-36.

吴普特，冯浩，牛文全，等 . 2003. 中国用水结构发展态势与节水对策分析
［J］. 农业工程学报，19（1）：1-6.

吴义锋，吕锡武，薛联青 . 2005. 水体富营养化驱动因子粗糙分析［J］. 安
全与环境工程，12（4）：11-14.

武燊，束良佐，祝鹏飞，等 . 2012. 交替根区灌溉的研究进展［J］. 安徽农
业科学（27）：13218-13222.

解雪峰，吴涛，肖翠，等 . 2014. 基于 PSR 模型的东阳江流域生态安全评价
［J］. 资源科学（08）：1702-1711.

夏英祝，等 . 2006. 发展循环经济战略：我国农产品国际竞争比较优势再探
讨［J］. 农业经济问题（12）：45-48.

肖文兴，马永军，张德容，等 . 2016. 湖南省农业产业安全评价——基于因
子分析和模糊综合评价法［J］. 安徽农业科学（30）：202-206.

徐秉信，李如意，武东波，等 . 2013. 微咸水的利用现状和研究进展［J］.
安徽农业科学，41（36）：13914-13916+13981.

徐磊，张志，师永强，等 . 2008. 武汉市耕地资源的时空变化及驱动力分析
［J］. 安徽农业科学，36（16）：6884-6886.

许芳，刘殿国 . 2008. 中国农业安全度的生态学评估——基于熵权修正层次
分析法的研究［J］. 郑州航空工业管理学院学报（02）：53-56.

杨立信 . 2003. 国外调水工程［J］. 中国水利水电（8）：1-2.

杨培岭，张铁军 . 2004. 国外节水农业发展动态［J］. 农机科技推广（02）：
40-41.

虞祎，张晖，胡浩 . 2016. 农业生产与水资源承载力评价［J］. 中国生态农
业学报（07）：978-986.

袁再健，许元则，谢栌乐 . 2014. 河北平原农田耗水与地下水动态及粮食生

产相互关系分析 [J]. 中国生态农业学报, (08): 904-910.

翟远征, 王金生, 郑洁琼, 等. 2011. 北京市近 30 年用水结构演变及驱动力 [J]. 自然资源学报, 26 (4): 635-643.

张保祥. 2012. 日本水资源开发利用与管理概况 [J]. 人民黄河, 34 (01): 56-59.

张玲玲, 王宗志, 李晓惠, 等. 2015. 总量控制约束下区域用水结构调控策略及动态模拟 [J]. 长江流域资源与环境, 01: 90-96.

张明. 1997. 土地利用结构及其驱动因子的统计分析 [J]. 地理科学进展, 16 (4): 19-26.

张秋菊, 傅伯杰, 陈利顶. 2003. 关于景观格局演变研究的几个问题 [J]. 地理科学, 23 (3): 264-270.

张伟. 2012. 咸水灌溉研究进展 [J]. 山西水利科技, 01 (2): 12-14.

赵姜, 龚晶, 孟鹤. 2016. 发达国家农业节水生态补偿的实践与经验启示 [J]. 中国农村水利水电 (10): 56-58.

赵晓霞. 2005. 长春市建设循环型社会驱动因子分析及改造措施研究 [J]. 吉林大学.

赵裕明, 田云, 史洁, 等. 2014. 国内外节水灌溉技术的发展及趋势 [J]. 黑龙江科技信息 (30): 244+295.

周晓花, 程瓦. 2002. 国外农业节水政策综述 [J]. 水利发展研究 (07): 43-45.

朱淑飞, 薛立波, 徐子丹. 2014. 国内外海水淡化发展历史及现状分析 [J]. 水处理技术, 40 (07): 12-15+23.

诸钧. 2016. 痕量灌溉颠覆滴灌意义重大 [EB/OL]. http://blog.sciencenet.cn/blog-3193624-990250.html, 07-12.

Ang B W, LIU F L. 2000. A new energy decomposition method: perfect in decomposition and consistent in aggregation [J]. Energy, 26 (6): 537-548.

Daiyuan Pan, G rald Domon, Sylvie de Blois, et al. 1999. Temporal (1958—1993) and spatial patterns of land use changes in Haut – Saint – Laurent (Quebec, Canada) and their relation to landscape physical at-tributes [J]. Landscape Ecology, 14: 35-52.